Ernest Atuanya
Maurice Adeghe

Biodisponibilidade de contaminantes plásticos e seus efeitos na água

Ernest Atuanya
Maurice Adeghe

Biodisponibilidade de contaminantes plásticos e seus efeitos na água

ScienciaScripts

Imprint

Any brand names and product names mentioned in this book are subject to trademark, brand or patent protection and are trademarks or registered trademarks of their respective holders. The use of brand names, product names, common names, trade names, product descriptions etc. even without a particular marking in this work is in no way to be construed to mean that such names may be regarded as unrestricted in respect of trademark and brand protection legislation and could thus be used by anyone.

Cover image: www.ingimage.com

This book is a translation from the original published under ISBN 978-620-2-02259-0.

Publisher:
Sciencia Scripts
is a trademark of
Dodo Books Indian Ocean Ltd. and OmniScriptum S.R.L publishing group

120 High Road, East Finchley, London, N2 9ED, United Kingdom
Str. Armeneasca 28/1, office 1, Chisinau MD-2012, Republic of Moldova, Europe
Printed at: see last page
ISBN: 978-620-7-95480-3

Prefácio

A água engarrafada, como qualquer água potável utilizada para consumo humano, deve ser segura e saudável para garantir uma proteção adequada da saúde pública. Tal deve-se aos potenciais efeitos preocupantes para a saúde, como a desregulação endócrina, a toxicidade, a teratogenicidade, a mutagenicidade e a carcinogenicidade. Apesar do número de organismos reguladores, das publicações sobre a água engarrafada e das especulações sobre a sua importância para a saúde pública, muitas questões continuam por responder. Uma das questões é se o prazo de validade da água engarrafada é motivo de preocupação. Este estudo examinou a biodisponibilidade dos contaminantes plásticos e os seus efeitos nos fornecimentos de água engarrafada e em saquetas de plástico. Um total de dez marcas diferentes de água engarrafada comercial foi recolhido em triplicado, três saquetas de água potável e três recipientes de plástico diferentes cheios de água de furo foram recolhidos de diferentes distribuidores na metrópole de Benin City.

Todas as amostras foram armazenadas à temperatura ambiente durante quatro semanas, imitando assim as condições típicas dos pontos de venda a retalho, dos supermercados e dos lares. As análises foram efectuadas em intervalos de uma semana e nos dias seguintes à compra. Foram observadas baixas contagens de bactérias heterotróficas abaixo do nível de alerta de água potável de $>5,0*10^3$ cfu/ml em todas as marcas de água engarrafada analisadas. As contagens totais de bactérias viáveis variaram de $1,0*10^1$ - $1,9*10^2$ ufc/ml. Coliformes totais (CT), coliformes fecais (FC) e *E.coli* não foram encontrados em todas as amostras de água engarrafada testadas. As leveduras e bolores também não foram encontrados nas amostras de água engarrafada. As bactérias isoladas das marcas das amostras de água engarrafada foram *Bacillus subtilis, Micrococcus* sp. e *Staphylococcus aureus*, enquanto que as bactérias isoladas das amostras de água de saqueta e das garrafas de plástico cheias de água de furo foram *Klebsiella* sp., *Bacillus subtilis, Escherichia coli, Acinetobacter* sp., *Micrococcus* sp., *Staphylococcus aureus* , *Bacillus* sp. e *Pseudomonas aeruginosa*. No entanto, foram também encontradas espécies de fungos como *Aspergillus niger, Aspergillus flavus* e *Saccharomyces cerevisiae* nas garrafas de plástico cheias com água do furo.

Os valores físico-químicos das amostras de água engarrafada foram os seguintes: condutividade (16,30 ± 10,1219,10 ± 12,26 µs/cm), turvação (0,20 ± 0,09 NTU), pH (6,05 ± 0,72-7,23 ± 0,48), cloreto (0,39 ± 0.27 mg/L), sólidos suspensos totais (0,00 ± 0,00 mg/L), dureza total (0,25 ± 0,11 mg/L), alcalinidade total (3,50 ± 2,84 mg/L) , sólidos dissolvidos totais (0,00 ± 0,00 mg/L), DBO(0,52± 0,85) e sólidos suspensos totais (0,00 ± 0,00 mg/L). Não se registaram alterações significativas durante o período de estudo relativamente à turvação, pH, TDS, condutividade e CBO, uma vez que não indicaram qualquer impacto potencial nas qualidades estéticas da água engarrafada. No entanto, a água do furo enchida em garrafas de plástico tinha piores qualidades bacteriológicas e físico-químicas. Foram encontrados congéneres de bisfenol A (BPA) nas garrafas de plástico enchidas com água de furo, água de saqueta e água engarrafada, respetivamente. A concentração de BPA na água engarrafada (Eva) variou entre 0,000mg/L na semana 0 e 0,214mg/L na semana 4 e tinha uma concentração mais elevada do que a água de saqueta, com o cloreto de vinilo e o cloreto de metileno a apresentarem os picos mais elevados. A água de plástico engarrafada parecia ter qualidades físico-químicas ligeiramente melhores do que a água de saqueta no final do período de armazenamento de quatro semanas. Este estudo demonstrou que a biodisponibilidade dos componentes do BPA e a redução das qualidades bifísicas da água engarrafada parecem começar a manifestar-se na quarta semana de armazenamento da água.

ÍNDICE DE CONTEÚDOS

CAPÍTULO UM

INTRODUÇÃO

Nos últimos anos, vários estudos centraram-se na deteção, medição, avaliação e reconhecimento de produtos farmacêuticos e de higiene pessoal (PPCPs) e de substâncias químicas desreguladoras do sistema endócrino (EDCs) em diferentes países (Solomon e Schettler *et al.*, 2000, Furhacker *et al.*, 2000, Kuster *et al.*, 2008 e Feyzi Dehkhargani *et al.*, 2011). Estes componentes podem ser nocivos a baixas concentrações (Melnick *et al.*, 2002). A importância da água para o homem não pode ser subestimada devido à sua essencialidade no metabolismo do corpo e no funcionamento correto das células (Buchholz, 1998). A água engarrafada é definida como água que se destina ao consumo humano e que é selada em garrafas ou outro recipiente sem ingredientes adicionados, exceto que pode conter fluoretos seguros e adequados. A água engarrafada, como água potável saudável e fiável em qualquer parte do mundo, não pode ser enfatizada em demasia, tendo sido submetida a uma série de tratamentos. É amplamente considerada como água portátil, isenta de contaminantes físicos, químicos e microbiológicos que podem provocar efeitos adversos na saúde humana quando consumida. O preço da água engarrafada varia consoante a marca, o fabricante e o(s) método(s) de tratamento utilizado(s). A procura de água engarrafada tem aumentado ao longo dos anos devido ao facto de a indisponibilidade de água municipal segura e fiável ter deixado a impressão de que a maior parte da água engarrafada oferece uma água saudável, mais segura e de melhor qualidade (Gardner, 2004). O aumento contínuo da venda e do consumo indiscriminado de água engarrafada na Nigéria é importante para a saúde pública (Ogundipe, 2008). A elevada procura de água engarrafada para várias ocasiões levou ao aparecimento de pequenos empresários que se dedicam à produção de água engarrafada sem terem em devida conta as práticas de higiene nos processos de produção. A implicação deste facto é a falta de garantia de que o produto cumpre as normas estabelecidas para a água potável. Geralmente, a contaminação da água potável engarrafada e das saquetas pode ter origem em produtos químicos (indústrias) e noutras fontes (material de esgotos). Os indicadores microbianos de contaminação fecal são *Escherichia coli, Clostridium,*

4

Enterococcus que podem ser de origem humana e não humana e *Streptococcus* (Binnie *et al.*, 2002; Simpson *et al.*, 2002; Scott *et al*, 2002). No entanto, a qualidade das garrafas de plástico de embalagem não pode garantir a segurança contra a contaminação. A contaminação pode dever-se inteiramente a materiais perigosos como o Bisfenol A e os ftalatos utilizados no fabrico do plástico policarbonato ou à contaminação microbiana da água bruta e dos materiais de embalagem. Um destes materiais perigosos é o Bisfenol A (Bucher, 2009). O bisfenol A é utilizado em materiais plásticos polimerizados e tem aplicações generalizadas (Vandenberg *et al.*, 2010), particularmente na construção de resinas epóxi e plásticos de policarbonato utilizados para embalar água (Staples *et al.*, 1998). O bisfenol A pode ser disseminado e lixiviado para a água a partir de materiais de embalagem. Isto pode acontecer mais rapidamente com o tempo e a temperaturas mais elevadas (Nam *et al.*, 2010). Está provado que o bisfenol A pode afetar os receptores estrogénicos e relacionados com o estrogénio em peixes e insectos (Vethaak *et al*, 2005; Park e kwak, 2010). Foi demonstrado que o bisfenol A tem a capacidade de ser transferido de ratinhas grávidas para os seus embriões (Zalko *et al.*, 2003). Também se provou que o bisfenol A é um componente com efeitos múltiplos em muitos tecidos de fêmeas e machos (Rubin , 2011). De acordo com os relatórios da Autoridade Europeia para a Segurança dos Alimentos (EFSA), a Dose Diária Tolerável (DDA) especificada situa-se no intervalo de 50-0,5 ug BPA/kg de peso corporal/dia (gg b.w^{-1} d-^{1}) em diferentes idades (EFSA, 2006; Castoldi, 2012). Como muitos problemas de saúde foram atribuídos ao Bisfenol A, foram efectuados vários estudos sobre este componente químico em diferentes escalas. Alguns investigadores concentraram-se na deteção e medição do Bisfenol A e outros nos seus efeitos nos seres humanos e nos animais de laboratório (Chang *et al*, 2009). Por exemplo, no Reino Unido, Grover *et al.* (2009) examinaram a capacidade de três métodos para medir substâncias químicas desreguladoras do sistema endócrino. Outro estudo efectuado por investigadores chineses teve como objetivo determinar os níveis de Bisfenol A em águas de superfície (Jin *et al*, 2004). Um estudo efectuado nos Estados Unidos avaliou a presença de Bisfenol A em água embalada (Jin *et al*, 2004). No Irão, Rastkari *et al.* (2011) e Jafari *et al.* (2009) investigaram a presença de Bisfenol A em alimentos enlatados, águas de superfície e águas residuais, respetivamente (Jafari *et al*, 2009, Rastkari *et al*, 2011). No entanto, parece que não foi efectuado qualquer estudo sobre a medição de materiais perigosos em água potável engarrafada e água de saqueta na Nigéria.

Em todas as culturas antigas avançadas, a água, especialmente a água corrente, estava associada a ideias mitológicas. A água era venerada como um fluido vivificante de particular eficácia. Ainda hoje, diz-se que a nascente de Katstalia de Delfos doa saúde e beleza a uma grande idade. Tanto no pensamento religioso como na filosofia natural, a água desempenha um papel importante. A nascente é invariavelmente o local de um nascimento misterioso (Schadawalt *et al*, 1980). Uma vez que a maioria dos indivíduos já não obtém a sua água na nascente, o processo de engarrafamento substituiu a viagem até à nascente.

Muitas pessoas bebem água engarrafada porque estão preocupadas com a qualidade da água da torneira. Nos países em desenvolvimento, a falta de controlo da qualidade da água da torneira levou à substituição por água engarrafada. Outras pessoas preferem o sabor da água engarrafada ao da água da torneira. Em geral, os consumidores de água engarrafada acreditam que a água que bebem, quando comparada com a água da torneira, está isenta de microrganismos. No entanto, esta é uma ideia errada. As nascentes estão associadas a formações de solo e estas contêm bactérias indígenas. O número destes organismos pode ser mínimo, mas têm a capacidade de proliferar durante o armazenamento, ou seja, depois de a água ter sido engarrafada.

No entanto, grande parte da água engarrafada que é comprada nos Estados Unidos não provém de nascentes. A água de nascente pode ser definida como água que flui naturalmente para a superfície da terra a partir de uma fonte subterrânea aprovada. Muitos engarrafadores obtêm a sua água a partir de furos, que podem ou não estar localizados na proximidade de nascentes naturais, mas que são efetivamente poços escavados no solo. Vinte e cinco a quarenta por cento da água engarrafada é, na realidade, água da torneira engarrafada de fontes municipais, que pode ou não ser sujeita a tratamento adicional. A água municipal engarrafada tem a vantagem adicional de ser regulada pela Agência de Proteção Ambiental (EPA), bem como pela Food and Drug

Administration (FDA). Se qualquer uma destas fontes ficar contaminada ou se potenciais agentes patogénicos entrarem na água durante o processo de fabrico, o produto tem o potencial de causar doenças no utilizador. Embora, com uma exceção (Blake *et al.*, 1977), a água engarrafada não tenha sido implicada em surtos confirmados de doenças, é improvável que a incidência de gastroenterite ou doenças relacionadas tenda a ser comunicada pelo consumidor ou atribuída à água.

Nos Estados Unidos, a água engarrafada é considerada um produto alimentar e, como tal, é regulada pela FDA. A qualidade da água da torneira, por outro lado, é supervisionada pela EPA. A razão de ser deste acordo é o facto de a água engarrafada poder ser comprada por opção, enquanto o acesso à água da torneira é um direito, se não um requisito. Os regulamentos da FDA abrangem apenas a água engarrafada vendida no comércio interestatal, pelo que, a menos que um Estado tenha adotado as suas próprias normas e procedimentos regulamentares, a água engarrafada vendida nos Estados pode não estar totalmente regulamentada. As regras da FDA também isentam muitos tipos do que o consumidor consideraria "água engarrafada", nomeadamente os rotulados como "água", "água gaseificada", "água desinfectada", "água filtrada", "água com gás", "água com gás" ou água com gás. Estas não são consideradas "água engarrafada" pela FDA. Nos Estados Unidos, as normas microbianas baseiam-se nos coliformes totais e na presença de *Escherichia coli* ou coliformes fecais. As bactérias coliformes são referidas como organismos "indicadores", uma vez que indicam a presença de contaminação fecal e, por conseguinte, a possível presença de organismos patogénicos, que podem causar doenças intestinais, embora eles próprios possam não ser causadores de doenças.

A vigésima edição do Standard Method for the Examination of Water and Waste Water (Anónimo, 1985) define o procedimento de contagem de bactérias em placa para a água, incluindo a técnica de filtro de membrana, que permite a recolha de amostras de água com um volume superior a 1 ml. Permite a utilização de um meio nutriente específico para o crescimento do organismo na presença de uma baixa concentração de matéria orgânica.

As águas provenientes de nascentes contêm normalmente um número reduzido de organismos autóctones ou indígenas. Estes são geralmente Gram-negativos e capazes de existir num ambiente com baixos níveis de nutrientes, como é caraterístico das águas de nascente. A sua origem está indubitavelmente associada aos substratos dos quais a água provém. A maior parte dos estudos que descrevem a presença qualitativa destes organismos diz respeito às águas minerais europeias. Os organismos tipicamente encontrados são do grupo dos classificados como Pseudomonas. Estas bactérias estão distribuídas por vários géneros diferentes. Encontram-se amplamente disseminadas na natureza, no solo e na água, e são conhecidas pela sua capacidade de utilizar um número invulgarmente elevado de fontes de nutrientes, muitas delas em quantidades vestigiais. A maioria é inofensiva, mas algumas são agentes patogénicos oportunistas, um termo que denota a capacidade de causar problemas em indivíduos imunocomprometidos. *A Pseudomonas aeruginosa,* que pode infetar quase todos os locais do corpo, é uma das Pseudomonas mais problemáticas. Muitos outros organismos são normalmente encontrados na água de nascente, incluindo espécies de *Acinetobacter, Achromobacter, Flavobacteria, Alcaligenes* e outras espécies Gram negativas habituais (Rosenberg e Hernerdez, 1988; Macerata *et al.*, 1988; Urmenata *et al.*, 2000). Uma vez que a água é engarrafada, a menos que seja estéril, aparecem alterações quantitativas na população microbiana (a água estéril, como a utilizada para injeção, é totalmente livre de microrganismos, tendo estes sido removidos por tratamento térmico ou filtração). Dependendo do tipo e da quantidade de matéria orgânica presente na água, as bactérias presentes começarão a utilizar os nutrientes de que dispõem. Como já foi referido, o teor orgânico da água engarrafada é geralmente baixo e os organismos que melhor se adaptarem a estas condições estarão em vantagem. Em 1940, Heukelekian e Heller mostraram que as bactérias tendem a fixar-se nas paredes dos recipientes. As bactérias podem viver suspensas num meio aquoso, mas é muito mais económico para os organismos utilizarem os nutrientes na água à medida que "passam" do que terem de utilizar energia para se deslocarem através do líquido para alcançarem as fontes de alimento. A fixação de bactérias a superfícies é geralmente designada por formação de biofilme. Em ambos os casos, como os organismos em suspensão estão a ser fixados aos lados do recipiente, as bactérias proliferam pouco depois de o recipiente ter sido enchido (Schmidt-Lorenz, 1976), (Leclerc, 1976). À temperatura ambiente, demora apenas alguns dias para que o organismo em suspensão atinja uma concentração tão elevada como 10^4 a 105 /ml. À medida que a matéria orgânica se esgota, o organismo começa lentamente a morrer, permanecendo viável durante um período de meses, com as formas mais resistentes a utilizarem o produto de decomposição das que já não são viáveis (Costerton, 1985). Sob condições de refrigeração, há um atraso na multiplicação, mas os organismos permanecem na água por um período mais longo. No entanto, os seus números não atingem os encontrados em recipientes armazenados à temperatura ambiente (Rosenberg *et al.,1989)*.

Em contrapartida, a água da torneira não permanece num estado estático durante períodos prolongados, uma vez que as bactérias são expelidas através dos canos sempre que se abre a torneira. Nos Estados Unidos, onde a água engarrafada pode provir de uma variedade de fontes diferentes, a água é normalmente tratada de alguma forma para remover ou diminuir o número de organismos presentes. No caso da água proveniente de fontes municipais, ou seja, idêntica à água da torneira, a cloração precedeu normalmente outro tratamento e terá removido uma grande parte da população microbiana presente. As águas de nascente e de poços não são geralmente cloradas e este facto é frequentemente utilizado na comercialização de água engarrafada. A água pode ser filtrada para remover pequenas partículas e/ou bactérias. Em geral, a desinfeção é realizada através da utilização de irradiação ultravioleta e/ou ozonização. A irradiação ultravioleta com comprimento de onda entre 220 e 300 nm é eficaz principalmente durante a multiplicação e actua formando dímeros, ou ligações covalentes, entre as moléculas de timina no ADN do organismo. As formas resistentes, como os esporos bacterianos, são minimamente afectadas por este tipo de desinfeção. Uma vez que os recipientes de plástico são impermeáveis à irradiação ultravioleta, a desinfeção de águas a granel antes do engarrafamento pode resultar na morte incompleta dos organismos presentes, com subsequente recrescimento no interior do recipiente.

A ozonização utiliza o princípio de que o O_3 , uma forma instável de oxigénio, actua como um forte agente oxidante. A este respeito, a sua ação na água é semelhante à do cloro, exceto que, enquanto a cloração deixa normalmente um resíduo no produto acabado, o ozono, por ser instável, decompõe-se rapidamente sem deixar resíduos. É dispendioso e, tal como a irradiação ultravioleta, não resulta em esterilidade, mas tem a vantagem de não deixar sabor químico na água tratada.

A osmose inversa ou hiperalteração é utilizada para purificar a água através da remoção de bactérias, sais e outros constituintes com um peso molecular superior a 150 a 250 daltons. A água é empurrada através de uma membrana semipermeável, geralmente com a ajuda de um mecanismo de bombagem. Os contaminantes são retidos pela membrana e não passam através dela.

FINALIDADE E OBJECTIVOS

O objetivo deste estudo é investigar a biodisponibilidade dos contaminantes dos plásticos e os seus efeitos no abastecimento de água engarrafada e em saquetas de plástico.

OBJECTIVOS ESPECÍFICOS DO ESTUDO

1. para avaliar o nível de contaminantes de plástico na água potável engarrafada e em saquetas.

2. para avaliar os efeitos do enchimento de garrafas vazias com água potável fornecida e armazenada à temperatura ambiente.

CAPÍTULO DOIS

REVISÃO DA LITERATURA

Panorama geral da água engarrafada e da água de saqueta

A água engarrafada é definida como qualquer água portátil que é engarrafada e distribuída ou colocada à venda e especificamente destinada ao consumo humano. Em muitos países em desenvolvimento, a disponibilidade de água tornou-se um problema crítico e urgente e é uma questão de grande preocupação para as famílias e comunidades que dependem de sistemas de abastecimento de água não públicos (Okonko *et al*, 2008). O aumento da população humana exerceu uma enorme pressão sobre o abastecimento de água potável nos países em desenvolvimento (Umeh *et al*, 2005). Para reduzir este problema de saúde, foi introduzida a água engarrafada, mas apenas as pessoas com uma boa situação financeira podem comprar estes produtos. As pessoas com baixos rendimentos não têm outra opção senão consumir água embalada em saquetas, que é mais barata. Está facilmente disponível e é acessível; a água de saqueta é vendida na maioria das bancas de venda de alimentos à beira da estrada na Nigéria. Pequenas saquetas de nylon que são aquecidas eletricamente e seladas em ambas as extremidades são utilizadas para embalar 0,5 litros de água e foram introduzidas no mercado na Nigéria. Existem muitas marcas diferentes de água potável em saquetas que são bem embaladas, devidamente rotuladas e publicitadas (Ekwunife *et al.*, 2010). Embora estes produtos sejam popularmente designados por "Água Pura", normalmente não estão isentos de contaminantes microbianos (Caroli *et al*, 1985; Omemu *et al*, 2005; Taura *et al*, 2005, Ezeugwunne *et al*, 2009; Oladipo *et al.*, 2009). Ocasionalmente, a contaminação da água de saqueta pode ocorrer durante o processamento, o transporte ou o manuseamento incorreto pelos vendedores ambulantes. Além disso, uma maior proporção da água utilizada para a produção de água de saqueta e engarrafada é obtida a partir de furos que estão expostos à contaminação microbiana através do escoamento da chuva e do facto de serem normalmente construídos muito perto de latrinas. A água é um recurso natural precioso que é vital para a vida, o desenvolvimento e o ambiente. Pode ser uma questão de vida ou de morte, dependendo da forma como ocorre e como é gerida. Quando é em excesso ou em falta, pode trazer destruição, miséria ou morte; independentemente da forma como ocorre, se for gerida adequadamente, pode ser um instrumento de sobrevivência e crescimento económico. Também pode servir para aliviar a pobreza, tirando as pessoas da degradação de terem de viver sem acesso a água potável e saneamento, ao mesmo tempo que traz prosperidade para todos (OMS, 2006). No entanto, quando é inadequada, quer em quantidade quer em qualidade, pode ser um fator limitativo do alívio da pobreza e da recuperação da economia, resultando em saúde precária, baixa produtividade, insegurança alimentar e desenvolvimento económico limitado (Okoli *et al.*, 2005).

De acordo com Pat (1992), Kegley e Andrews (1998), Adekunle *et al* (2004) e Chukwu (2008), a água é um elemento essencial para a manutenção de todas as formas de vida, e a maioria dos organismos vivos pode sobreviver apenas por curtos períodos sem ela. A água também desempenha um papel importante na prevenção de doenças; beber oito copos de água diariamente pode reduzir o risco de cancro do cólon em 45% e de cancro da bexiga em 50%, bem como reduzir o risco de outros tipos de cancro (APEC, 1999). Para além de ser abundante, a água disponível deve ter características específicas, que significam a sua qualidade (Deborah, 1996).

Um abastecimento fiável de água limpa e saudável é altamente essencial para promover uma vida saudável entre os habitantes de qualquer região geológica definida (Mustapha e Adam, 1991). No mundo industrializado padrão, o modelo de fornecimento de água potável segura e a tecnologia de saneamento não são, no entanto, acessíveis (Gadgil e Derby, 2003; Gyang *et al.*, 2004; Bonner *et al.*, 2001; Ashaye *et al.*, 2001 e Adekunle *et al.*, 2004). Consequentemente, dado o compromisso global renovado para com os objectivos de desenvolvimento do milénio (ODM) marcados para 2015, a importância e a contribuição de esquemas alternativos de água potável de baixo custo e de origem local para o acesso sustentável em ambientes rurais, peri-urbanos e urbanos dos países em desenvolvimento não pode ser demasiado enfatizada (UNDESA, 2004). Uma dessas intervenções locais ocorre na Nigéria, onde o abastecimento público de água potável não é fiável e é vendido em embalagens (Egwari e Aboaba, 2002). Na Nigéria, há um aumento astronómico no consumo de água embalada, especialmente água de saqueta e engarrafada. A água em saquetas está facilmente disponível e é acessível, mas há preocupações quanto à sua pureza. O aumento da procura destes produtos de água potável é atribuído, em grande parte, a factores como a inadequação ou indisponibilidade de água municipal fiável e segura na área; a criação da impressão de que a água potável de nascente mineral natural de alta qualidade oferece uma alternativa saudável, refrescante e de excelente sabor à água da torneira comum e as conveniências que fizeram com que o produto satisfizesse os requisitos de qualquer estilo de vida quando necessário (Gardner, 2004). A água em formas embaladas foi introduzida no mercado nigeriano como meio de acesso à água potável facilmente disponível e menos dispendioso (Ogundipe, 2008).

Atualmente, o fácil acesso à água potável em embalagens deu origem a uma grande e próspera indústria da água, com várias centenas de milhões de litros de produtos de água consumidos todos os anos pelos nigerianos (Ogundipe, 2008). A água embalada, que antes era um fenómeno muito raro na Nigéria, tornou-se hoje aparentemente comum entre os nigerianos. Estas indústrias são geridas livremente por empresas locais e multinacionais, como se não tivessem qualquer efeito negativo na saúde humana e no ambiente em geral (Mead *et al,* 1999). Observou-se que a maioria das marcas de água embalada é produzida e armazenada em áreas de ambiente higiénico questionável (Aliyu, 2000). A implicação é que não há garantia de que este produto cumpra o padrão estabelecido para a qualidade da água potável.

As doenças transmitidas pela água continuam a ser um dos principais problemas de saúde, especialmente nos países em desenvolvimento como a Nigéria. A elevada prevalência de doenças como a diarreia, a febre tifoide, a cólera e a disenteria bacilar entre a população tem sido atribuída ao consumo de água potável não segura e a práticas não higiénicas de produção e armazenamento de água potável (Mead *et al,* 1999 e Oyedeji *et al,* 2010). Nos últimos anos, o consumo desta água embalada aumentou drasticamente em várias comunidades. As pessoas preferem a utilização de água engarrafada em situações de emergência, mesmo quando o sabor e o odor da água são indesejáveis. O envelhecimento do sistema público de abastecimento e distribuição de água também contribuiu em grande medida para agravar a escassez de água potável. A necessidade de água potável por parte da população tem vindo a aumentar. Muitos recorrem à água potável

e fácil de servir água embalada, conhecida como água pura, vendida em locais públicos. A água engarrafada tem sido alvo de controvérsia por ser de qualidade inferior e questionável. Foram registadas partículas na água embalada vendida. Estes produtos são produzidos a um ritmo alarmante e, na sua maioria, em ambientes pouco higiénicos. Além disso, a procura de lucro fez com que os fabricantes deixassem de lado os procedimentos estabelecidos para a produção, o que conduziu a produtos de má qualidade.

A adesão às normas de produção e de análise é duvidosa, uma vez que se observa que a maioria das fábricas não dispõe da tecnologia adequada para as atingir. As normas de higiene nas várias fases de produção das marcas de água engarrafada e em saquetas variam entre os vários fabricantes. Enquanto alguns utilizam técnicas sofisticadas, como a ozonização e a osmose inversa, outros empregam a exclusão vulgar de partículas através da utilização de materiais de filtragem não esterilizados. Atualmente, o público considera a água embalada completamente adequada para beber, mas por vezes pode estar contaminada por contaminantes químicos e microbianos (Ndinwa *et al*, 2012).

Avaliação da qualidade da água para consumo humano

A água pode ser testada para milhares de elementos ou agentes possíveis, mas apenas uma centena é abrangida pela maioria das normas relativas à água potável. No que diz respeito aos poços privados, as normas da Agência de Proteção Ambiental dos EUA (USEPA), de acordo com Brian (2012), foram divididas nas seguintes categorias: microbiológica, inorgânica, contaminantes secundários, produtos químicos orgânicos voláteis e produtos químicos orgânicos sintéticos, e radionuclídeos, ou seja, substâncias radioactivas. A Agência Federal de Proteção do Ambiente adoptou a categorização das directrizes de qualidade da água da OMS. Para a água potável, pode incluir os seguintes parâmetros: microbiológicos (coliformes totais, coliformes fecais e E *call)* e físico-químicos (temperatura, cor e turbidez, e nível de oxigénio dissolvido, concentração de compostos orgânicos e inorgânicos (Bello *et al.* 2013).

Qualidade microbiológica da água

Os agentes microbiológicos na água podem incluir bactérias, protozoários e vírus. Os contaminantes microbiológicos são classificados como padrões primários de água potável, devido a preocupações específicas com a saúde e a propagação de doenças. A Organização Mundial de Saúde (2008) definiu coliformes como qualquer bactéria gram-negativa em forma de bastonete, não formadora de esporos, capaz de crescer na presença de sais biliares ou outros agentes tensioactivos. Continuando, a definição indica que os coliformes são citocromo-oxidase negativos e capazes de fermentar a lactose a 35 ou 37 °C com a produção de ácido, gás e aldeído em 24 a 48 horas. O grupo dos coliformes totais é a classificação mais abrangente dos indicadores e a contaminação indicada pela presença de coliformes totais é indicativa de uma desinfeção inadequada da água potável (Hach, 2000).

Coliformes totais - Estas bactérias podem ser facilmente testadas por laboratórios certificados e podem ser usadas como um indicador da qualidade microbiológica de qualquer água em estudo. Se estas bactérias não estiverem presentes na água, ou seja, se o resultado for ausência ou < 1 colónia por 100 ml, isto deve ser interpretado como significando que não é provável que a água contenha um agente microbiológico que possa constituir um problema de saúde. Se as bactérias estiverem presentes na água, ou seja, um resultado de presente ou 1 ou mais colónias por 100 ml, isto deve ser interpretado como significando que é mais provável que a água contenha um agente microbiológico que possa representar um problema de saúde e que é necessária alguma ação (Brian, 2012).

Coliformes fecais - Este é um subgrupo de bactérias coliformes totais que se encontram mais tipicamente nos resíduos de animais de sangue quente, mas que podem ser encontrados em não-mamíferos e insectos. As bactérias coliformes fecais não devem estar presentes em nenhuma água potável e um resultado adequado seria Ausente ou < 1 colónia por 100 ml.

Bello et al. (2013) relataram que todos os poços em Ijebu-Ode, no sudoeste da Nigéria, estavam contaminados por coliformes fecais. No entanto, Ndinnwa *et al.* (2012) referiram que todas as marcas de água engarrafada vendidas em Warri e Abraka cumpriam com êxito a norma da OMS/NIS relativa à água potável, que estabelece zero coliformes por 100 ml de água, tornando-a adequada para consumo humano.

Escherichia coli - Trata-se de uma estirpe bacteriana que se encontra mais frequentemente nos seres humanos e nos animais. A *E. coli* é o melhor indicador coliforme de contaminação fecal de dejectos humanos e animais. Nas fezes humanas e animais, 90 a 100% dos organismos coliformes isolados são *E. coli*. Nas amostras de esgotos e de água contaminada, a percentagem desce para 59%. A presença deste grupo de bactérias sugere que a fonte é uma fonte de resíduos humanos ou de mamíferos e um resultado adequado seria Ausente ou < 1 colónia por 100 ml (American Public Health Association, 1992).

Brian (2012), escreveu que se os resultados sugerirem que as bactérias coliformes totais, coliformes fecais e/ou *E.coli* estão presentes, isso significa que é mais provável que um agente patogénico esteja presente em qualquer água potável. Uma quarta, a produção de sulfureto de hidrogénio, foi recentemente recomendada e utilizada (Center for Disease Control and Prevention, 2010).

Indicadores de contaminação fecal

Os indicadores de contaminação fecal são bactérias que estão relacionadas com os agentes patogénicos, mas que se encontram em concentrações mais elevadas e são mais fáceis de detetar. Se forem encontrados organismos indicadores, especialmente de contaminação fecal, é necessário iniciar mais testes para identificar os agentes patogénicos na água, mas se não forem encontrados, não são necessários mais testes. A contaminação fecal da água potável introduz uma variedade de agentes patogénicos intestinais. A presença de organismos indicadores exige uma pesquisa, investigação e exame mais aprofundados da fonte de água potável. O exame frequente dos organismos indicadores fecais continua a ser a forma mais sensível de avaliar as condições de higiene da água. Os organismos indicadores de contaminação fecal incluem o grupo coliforme como um todo e, particularmente, *Escherichia coli, Streptococcus fecalis* e alguns organismos termotolerantes como *Clostridium perfringens* (Emeje *et al.* , 2010). Os conceitos gerais adoptados para a qualidade bacteriológica é que nenhuma água destinada ao consumo humano deve conter *Escherichia coli* em 100 ml de amostra. A água tratada que entra no sistema de distribuição deve ter zero coliformes fecais e zero organismos coliformes por 100 ml de água. Assim, a concentração de indicadores de coliformes fecais pode ajudar a determinar o grau de contaminação (Emeje *et al.* , 2010).

Materiais perigosos de plástico para embalagem de águas engarrafadas

O plástico também polui sem ser deitado no lixo, nomeadamente através da lixiviação dos compostos utilizados no seu fabrico, da poluição do ambiente pelos produtos químicos que os plásticos libertam no ar e na água. Alguns compostos utilizados nos plásticos, por exemplo, os ftalatos, o bifenil a (BPA) e o éter difenílico polibromado (PBDE), são objeto de uma observação rigorosa da lei. Encontram-se em dispositivos médicos, embalagens de alimentos, estofos de automóveis, computadores, produtos farmacêuticos, perfumes e cosméticos. Todos estes compostos foram afectados no ser humano e, como se sabe, perturbam o sistema entócrino. Também são anti-androgénios e estrogénios, ou seja, hormonas sexuais masculinas e femininas. Estes compostos também se encontram em animais e afectam o seu sistema reprodutivo (Grumetto *et al*, 2008).

Bisfenol A

Bisfenol A (BPA) é o nome comum do 2,2-(4,4' dihidroxidifenil)propano. É utilizado como um intermediário durante a produção de plásticos de policarbonato e resinas epóxi. O policarbonato (PC) é um termoplástico transparente, forte e rígido. O policarbonato é utilizado em recipientes para alimentos, tais como biberões, garrafões e garrafas de água, e as resinas epoxídicas são utilizadas no revestimento interno (laca) de latas de alimentos e bebidas para proteger os alimentos do contacto direto com o metal. Durante o processo de fabrico, o bisfenol A não reagido estará presente nos produtos de policarbonato e migrará do policarbonato para os alimentos (Grumetto *et al.*, 2008). O bisfenol A tem sido conhecido como um potencial desregulador endócrino devido aos resultados positivos dos testes in vitro para um comportamento semelhante ao estrogénio (Krishnan *et al.*, 1993, Biles *et al.*, 1997). Nos últimos anos, os desreguladores endócrinos (DE) têm vindo a atrair a atenção do mundo científico devido aos seus possíveis efeitos negativos na saúde humana. Esta classe inclui muitos alquilfenóis, como o Bisfenol A (BPA), que foi reconhecido como um potente desregulador endócrino (Kitamura *et al.*, 2005, Wolff, 2006, Krishnan *et al*, 1993, Kim *et al*, 2001, Li *et al*, 2004, Suzuki *et al*, 2002, Palanza *et al*, 2002). Uma vez que o BPA é um potencial desregulador endócrino que imita a ação da hormona estrogénio (Suzuki *et al.*, 2002), a diretiva relativa aos desreguladores endócrinos reduziu o anterior limite de migração específica para o bisfenol A de 3 mg kg-1 em alimentos ou simuladores de alimentos (Palanza *et al.*, 2002) para 0,6 mg/kg num documento de alteração relativo aos materiais e objectos de matéria plástica destinados a entrar em contacto com os géneros alimentícios (Cao *et al*, 2008). A dose diária admissível de BPA foi estabelecida em 50 pg/kg de peso corporal/dia pelos Estados Unidos e pela Autoridade Europeia para a Segurança dos Alimentos (Stump *et al.*, 2010, Ryan *et al.* 2010), enquanto a Health Canada estabeleceu a dose diária admissível provisória de Bisfenol A em 25 pg/kg de peso corporal/dia. No passado, houve alguma controvérsia sobre os níveis reais de bisfenóis capazes de causar efeitos tóxicos nos seres humanos; de facto, relatórios recentes (Planza *et al.*, 2002, Rajapakse *et al.*, 2002, Vom Saal e Welshons, 2006) indicaram que os riscos para a saúde podem resultar da exposição a doses muito inferiores ao limite de 0,05 mg/kg de peso corporal por dia, anteriormente indicado por empresas químicas e agências reguladoras (EFSA, 2006).

Perigos para a saúde dos aditivos no plástico para embalagem de água engarrafada

Estudos anteriores indicaram que uma das toxinas que apareciam frequentemente em amostras de água provenientes da utilização de garrafas de plástico era o ftalato de dietilhexilo, um carcinogéneo regulamentado na água potável por se ter verificado que provoca perda de peso, problemas hepáticos ou possíveis dificuldades reprodutivas (Inquérito Nacional de Saúde, 2004).

Marla Cone, Los Angels (2005), efectuou um estudo sobre o composto plástico que causa problemas reprodutivos e transmitiu a informação de que o composto ou bisfenol A (BPA), que é utilizado para fabricar plástico duro, é um dos produtos químicos com maior volume no mundo e que entrou no corpo dos seres humanos. Analisou também cerca de 700 estudos e descobriu que o composto tem um efeito que pode causar doenças reprodutivas nas mulheres, incluindo fibróides, endometriose, ovários císticos e cancros. É a primeira vez que o BPA é associado a doenças do aparelho reprodutor feminino, embora estudos anteriores tenham detectado cancro da próstata e da mama em fase inicial e uma diminuição da contagem de espermatozóides quando expostos a doses baixas (Marla Cone, 2005)

Srivastava *et al.* (2001), no seu estudo sobre a exposição a produtos químicos e os efeitos na saúde, referiram que o plástico utilizado nos recipientes para alimentos estimula o crescimento de certas células cancerosas da próstata. Um produto químico semelhante ao estrogénio, habitualmente utilizado para sintetizar recipientes de plástico para alimentos, demonstrou estimular o crescimento de uma categoria específica de células cancerígenas da próstata, demonstrando também que o desenvolvimento precoce da mama e o maior risco de cancro da mama se desenvolvem (Srivastav *et al,* 2001)

Elmer *et al.* (2002), que efectuaram um estudo sobre a diabetes provocada por alimentos e bebidas em recipientes de plástico, demonstram que a exposição repetida à PA A provoca resistência à insulina a nível celular, o que conduz à diabetes tipo II. Os tecidos perdem a sua sensibilidade à insulina, fazendo com que o pâncreas produza ainda mais insulina, aumentando ainda mais a resistência à insulina e a diabetes (Emler *et al.*, 2002).

A Dra. Ana Soto e o Dr. Carlos Sonnenschein (2005) realizaram um estudo na Tufts Medical School, em Boston, para descobrir a ligação entre o plástico e o cancro da mama e, no meio das suas experiências sobre o crescimento de células cancerígenas, os químicos que perturbam o sistema endócrino saíram do tubo de ensaio de plástico para o laboratório dos investigadores e causaram um aumento da proliferação de células cancerígenas da mama (Anasoeo *et al*, 2005).

Um artigo do Environmental Working Group e da Health Care Without Harm mostrou os efeitos nocivos da exposição prolongada aos ftalatos. Para além de danificarem o fígado, os rins, os pulmões e os sistemas reprodutivos, sabe-se que os ftalatos perturbam os processos hormonais, incluindo o desenvolvimento precoce da mama nas raparigas (Environmental California Research Center, 2004).

Técnicas de purificação e tratamento da água

A purificação da água é o processo de remoção de produtos químicos indesejáveis, contaminantes biológicos, sólidos em suspensão e gases da água contaminada. O objetivo é produzir água adequada para um fim específico. A maior parte da água é purificada para consumo humano (água potável), mas a purificação da água também pode ser projectada para uma variedade de outros fins, incluindo o cumprimento dos requisitos de aplicações médicas, farmacológicas, químicas e industriais. Em geral, os métodos utilizados incluem processos físicos, como a filtração, a sedimentação e a destilação, processos biológicos, como os filtros lentos de areia ou o carvão biologicamente ativo, processos químicos, como a floculação e a cloração, e a utilização de radiação electromagnética, como a luz ultravioleta.

O processo de purificação da água pode reduzir a concentração de material particulado, incluindo partículas em suspensão, parasitas, bactérias, algas, vírus, fungos; e uma gama de material dissolvido e particulado derivado das superfícies com que a água pode ter entrado em contacto depois de cair sob a forma de chuva.

As normas de qualidade da água potável são normalmente estabelecidas pelos governos ou por normas internacionais. Estas normas estabelecem normalmente concentrações mínimas e máximas de contaminantes para a utilização que se pretende dar à água. Não é possível saber se a água é de qualidade adequada através de um exame visual. Procedimentos simples como a fervura ou a utilização de um filtro doméstico de carvão ativado não são suficientes para tratar todos os possíveis contaminantes que podem estar presentes na água de uma fonte desconhecida. Mesmo a água de nascente natural - considerada segura para todos os efeitos práticos no século XIX - deve atualmente ser testada antes de se determinar o tipo de tratamento necessário, se for o caso. As análises químicas e microbiológicas, embora dispendiosas, são a única forma de obter a informação necessária para decidir sobre o método de purificação adequado.

MICROBIOLOGIA DA ÁGUA ENGARRAFADA

Em todas as culturas antigas avançadas, a água, especialmente a água corrente, estava associada a ideias mitológicas: a água era adorada como um fluido vivificante de particular eficácia. Mesmo nos dias de hoje, diz-se que a nascente de Katstalia de Delfos doa saúde e beleza a uma grande idade, tanto no pensamento religioso como na filosofia natural, a água desempenha um papel importante. A nascente é invariavelmente o local de um nascimento misterioso (Schadawalt *et al*, 1980). Uma vez que a maioria dos indivíduos já não obtém a sua água na nascente, o processo de engarrafamento substituiu a viagem até à nascente.

PORQUE É QUE AS PESSOAS BEBEM ÁGUA ENGARRAFADA

Muitas pessoas bebem água engarrafada porque estão preocupadas com a qualidade da água da torneira. Nos países em desenvolvimento, a falta de controlo da qualidade da água da torneira levou à substituição por água engarrafada. Outras pessoas preferem o sabor da água engarrafada ao da água da torneira.

Em geral, os consumidores de água engarrafada acreditam que a água que bebem, quando comparada com a água da torneira, está isenta de microrganismos. No entanto, esta é uma ideia errada. As nascentes estão associadas a formações de solo e estas contêm bactérias indígenas. O número destes organismos pode ser mínimo, mas eles têm a capacidade de proliferar durante o armazenamento, ou seja, depois de a água ter sido engarrafada.

DE ONDE VEM A ÁGUA ENGARRAFADA?

No entanto, grande parte da água engarrafada que se compra nos Estados Unidos não provém de nascentes. A água de nascente pode ser definida como água que flui naturalmente para a superfície da terra a partir de uma fonte subterrânea aprovada. Muitos engarrafadores obtêm a sua água a partir de furos, que podem ou não estar localizados na proximidade de nascentes naturais, mas que são efetivamente poços escavados no solo. Vinte e cinco a quarenta por cento da água engarrafada é, na realidade, água da torneira engarrafada de fontes municipais, que pode ou não ser sujeita a tratamento adicional. A água municipal engarrafada tem a vantagem adicional de ser regulada pela Agência de Proteção Ambiental (EPA), bem como pela Food and Drug Administration (FDA). Se qualquer uma destas fontes ficar contaminada ou se potenciais agentes patogénicos entrarem na água durante o processo de fabrico, o produto tem o potencial de causar doenças no utilizador. Embora, com uma exceção (Blake *et al.*, 1977), a água engarrafada não tenha sido implicada em surtos confirmados de doenças, é improvável que a incidência de gastroenterite ou doenças relacionadas tenda a ser comunicada pelo consumidor ou atribuída à água.

REGULAMENTAÇÃO DA ÁGUA ENGARRAFADA

Nos Estados Unidos, a água engarrafada é considerada um produto alimentar e, como tal, é regulada pela FDA. A qualidade da água da torneira, por outro lado, é supervisionada pela EPA. A razão de ser deste acordo é o facto de a água engarrafada poder ser comprada por opção, enquanto o acesso à água da torneira é um direito, se não um requisito. Os regulamentos da FDA abrangem apenas a água engarrafada vendida no comércio interestatal, pelo que, a menos que um Estado tenha adotado as suas próprias normas e procedimentos regulamentares, a água engarrafada vendida nos Estados pode não estar totalmente regulamentada. As regras da FDA também isentam muitos tipos do que o consumidor consideraria "água engarrafada", nomeadamente os rotulados como "água", "água gaseificada", "água desinfectada", "água filtrada", "água com gás", "água com gás" ou água com gás. Estas não são consideradas "água engarrafada" pela FDA. Nos Estados Unidos, as normas microbianas baseiam-se nos coliformes totais e na presença de *Escherichia coli* ou coliformes fecais. As bactérias coliformes são referidas como organismos "indicadores", uma vez que indicam a presença de contaminação fecal e, por conseguinte, a possível presença de organismos patogénicos, que podem causar doenças intestinais, embora eles próprios possam não ser causadores de doenças.

MEIOS DE CRESCIMENTO PARA BACTÉRIAS EM ÁGUA ENGARRAFADA

A vigésima edição do Standard Method for the Examination of Water and Waste Water (Anónimo, 1985) define o procedimento de contagem de bactérias em placa para a água, incluindo a técnica do filtro de membrana, que permite a recolha de amostras de água com um volume superior a 1 ml.

TIPOS DE BACTÉRIAS NORMALMENTE ENCONTRADOS NAS ÁGUAS DE ORIGEM

As águas provenientes de nascentes contêm normalmente um número reduzido de organismos autóctones ou indígenas. Estes são geralmente Gram-negativos e capazes de existir num ambiente com baixos níveis de nutrientes, como é caraterístico das águas de nascente. A sua origem está indubitavelmente associada aos substratos de onde a água provém. A maior parte dos estudos que descrevem a presença qualitativa destes organismos diz respeito às águas minerais europeias. Os organismos tipicamente encontrados são do grupo dos classificados como Pseudomonas. Estas bactérias estão distribuídas por vários géneros diferentes. Encontram-se amplamente disseminadas na natureza, no solo e na água, e são conhecidas pela sua capacidade de utilizar um número invulgarmente elevado de fontes de nutrientes, muitas delas em quantidades vestigiais. A maioria é inofensiva, mas algumas são agentes patogénicos oportunistas, um termo que denota a capacidade de causar problemas em indivíduos imunocomprometidos. *A Pseudomonas aeruginosa,* que pode infetar quase todos os locais do corpo, é uma das mais problemáticas das Pseudomonas. Muitos outros organismos são normalmente encontrados nas águas de nascente, incluindo espécies de *Acinetobacter, Achromobacter, Flavobacteria, Alcaligenes* e outras espécies Gram negativas habituais (Rosenberg e Hernerdez 1988), (Macerata *et al.*,1988), (Urmenata *et al.* 2000)

TRATAMENTO DA ÁGUA

Nos Estados Unidos, onde a água engarrafada pode provir de uma variedade de fontes diferentes, a água é normalmente tratada de alguma forma para remover ou diminuir o número de organismos presentes. No caso da água proveniente de fontes municipais, ou seja, idêntica à água da torneira, a cloração precedeu normalmente outro tratamento e terá removido uma grande parte da população microbiana presente. As águas de nascente e de poços não são geralmente cloradas e este facto é frequentemente utilizado na comercialização de água engarrafada. A água pode ser filtrada para remover pequenas partículas e/ou bactérias. A irradiação ultravioleta com comprimento de onda entre 220 e 300 nm é eficaz principalmente durante a multiplicação e actua formando dímeros, ou ligações covalentes, entre as moléculas de timina no ADN do organismo. As formas resistentes, como os esporos bacterianos, são minimamente afectadas por este tipo de desinfeção. Uma vez que os recipientes de plástico são impermeáveis à irradiação ultravioleta, a desinfeção de águas a granel antes do engarrafamento pode resultar na morte incompleta dos organismos presentes, com subsequente recrescimento dentro do recipiente.

A ozonização utiliza o princípio de que o O3, uma forma instável de oxigénio, actua como um forte agente oxidante. A este respeito, a sua ação na água é semelhante à do cloro, exceto que, enquanto a cloração deixa normalmente um resíduo no produto acabado, o ozono, por ser instável, decompõe-se rapidamente, não deixando qualquer resíduo. É dispendioso e, tal como a irradiação ultravioleta, não resulta em esterilidade, mas tem a vantagem de não deixar sabor químico na água tratada.

A osmose inversa ou hiperalteração é utilizada para purificar a água através da remoção de bactérias, sais e outros constituintes com um peso molecular superior a 150 a 250 daltons. A água é empurrada através de uma membrana semipermeável, geralmente com a ajuda de um mecanismo de bombagem. Os contaminantes são retidos pela membrana e não passam através dela.

NOMENCLATURA DAS ÁGUAS

A rotulagem da água como diferente de "engarrafada" pode resultar de várias metodologias de tratamento. A "água desmineralizada" ou água purificada pode ser produzida através de destilação, desmineralização ou osmose inversa. As "águas com gás" contêm dióxido de carbono proveniente da nascente ou adicionado durante o tratamento. A "água desionizada" é definida como água da qual os aniões e os catiões foram removidos por um processo de permuta iónica. A "água destilada" é definida como água que foi purificada através da passagem por um ciclo de evaporação-condensação. Pode conter uma pequena quantidade de sólidos dissolvidos.

BACTÉRIAS NO PRODUTO ACABADO

Quando a água é engarrafada, a menos que seja estéril, surgem alterações quantitativas na população microbiológica (a água estéril, como a utilizada para injeção, é totalmente isenta de microrganismos, tendo estes últimos sido removidos por tratamento térmico ou filtração). Em função do tipo e da quantidade de matéria orgânica presente na água, as bactérias presentes começarão a utilizar os nutrientes de que dispõem. Como já foi referido, o teor orgânico da água engarrafada é geralmente baixo e os organismos que melhor se adaptarem a estas condições estarão em vantagem. Em 1940, Heukelekian e Heller mostraram que as bactérias tendem a fixar-se nas paredes dos recipientes. As bactérias podem viver suspensas num meio aquoso, mas é muito mais económico para os organismos utilizarem os nutrientes na água à medida que "passam" do que terem de utilizar energia para se deslocarem através do líquido para alcançarem as fontes de alimento. A fixação das bactérias às superfícies é geralmente designada por formação de biofilme. Em ambos os casos, como os organismos em suspensão estão a ser fixados aos lados do recipiente, as bactérias proliferam pouco depois de o recipiente ter sido enchido (Schmidt-Lorenz, 1976; Leclerc, 1976). À temperatura ambiente, são necessários apenas alguns dias para que os organismos em suspensão atinjam uma concentração tão elevada como 10^4 a 105 /ml. À medida que a matéria orgânica se esgota, o organismo começa a morrer lentamente, permanecendo viável durante um período de meses, com as formas mais resistentes a utilizarem o produto da decomposição dos organismos que já não são viáveis (Costerton, 1985). Sob condições de refrigeração, há um atraso na multiplicação, mas os organismos permanecem na água por um período mais longo. No entanto, os seus números não atingem os encontrados em recipientes armazenados à temperatura ambiente (Rosenberg *et al.*, 1989). Em contraste, a água da torneira não permanece num estado estático durante longos períodos de tempo, uma vez que as bactérias são expelidas através dos canos sempre que a torneira é aberta.

RECIPIENTES DE PLÁSTICO E DE VIDRO

Verificou-se que todos os tipos de materiais servem como substâncias sólidas para a fixação de bactérias e formação de biofilme. Mackenzie e Rivera-Colderon. (1985) utilizaram um método de sobreposição de ágar para determinar a aderência de *Staphylococcus epidermidis*, um organismo comum encontrado na pele humana, ao poliestireno, cloreto de polivinilo, polietileno e politetrafluoroetileno, compostos frequentemente utilizados no fabrico de recipientes de plástico para água engarrafada. Foi demonstrado que a água engarrafada em recipientes de plástico contém um maior número de bactérias do que a água em garrafas de vidro (Rosenberg e Hernandez , 1988; Rosenberg 1990). Isto pode dever-se à libertação de nutrientes dos materiais no recipiente, bem como à difusão de oxigénio através das paredes finas do recipiente. As garrafas de vidro tendem a ser reutilizáveis e são bem limpas antes de serem enchidas de novo. Os recipientes de plástico podem ser produzidos na fábrica de engarrafamento através de um processo de extrusão, mas são mais frequentemente adquiridos a fornecedores. As tampas dos recipientes podem ser provenientes de outras fontes e a falta de esterilidade pode introduzir organismos na água quando os recipientes são agitados ou durante o transporte pelo consumidor (Rosenberg *et al.*, 1989).

ARRUMAÇÃO DE PRATELEIRAS

Muitos engarrafadores colocam uma data de validade no recipiente da água engarrafada. Este prazo é frequentemente de dois anos após o engarrafamento. De um ponto de vista microbiológico, isto faz pouco sentido, uma vez que a maioria dos utilizadores de água engarrafada bebe o produto pouco depois da compra, quando o número de bactérias tende a ser mais elevado. A multiplicação de bactérias durante o armazenamento precoce, ou seja, dentro de alguns dias após o engarrafamento, pode aumentar rapidamente o número de organismos a ponto de exceder os limites regulamentares impostos à água na fonte, ou dentro de doze (12) horas após o engarrafamento. O armazenamento na prateleira da mercearia (sem refrigeração), ou em casa, pode aumentar a contagem de placas heterotróficas para 105 ou 106 ufc/ml (Warburton *et al*, 1992).

Pseudomonas em água engarrafada

O grupo de bactérias conhecido como Pseudomonas, que se encontra habitualmente nas águas de origem e, por conseguinte, no produto acabado, inclui espécies oportunistas capazes de iniciar infecções nosocomiais. *A Pseudomonas aeruginosa* é conhecida como a espécie de *Pseudomonas* mais prevalente na doença humana. Raramente se encontra em águas de nascente puras e considera-se normalmente que está associada à contaminação durante o processo de engarrafamento. Pode ser considerada como um indicador fiável de problemas de fabrico, embora não tenha sido aceite como tal nos Estados Unidos.

Aeromonas sp

As Aeromonas sp. podem ser encontradas em fontes de água ambientais e são capazes de causar diarreia. (Brandi *et al.,1999)* notaram a capacidade das *Aeromonas* spp. de permanecerem viáveis durante mais de cem (100) dias em água mineral. No entanto, nem Hunter (Hunter e Burge, 1987) nem Massa (Massa *et al.*,2001) isolaram *Aeromonas* spp de água mineral natural em Inglaterra ou Itália. Por outro lado, a Agência de Proteção do Ambiente dos Estados Unidos incluiu *as Aeromonas* na lista de potenciais candidatas a uma maior consideração regulamentar na água potável.

FLUORETO NA ÁGUA ENGARRAFADA

Quando as águas municipais são utilizadas nos processos de engarrafamento, a presença de fluoreto é geralmente equivalente à encontrada na água da torneira da mesma fonte. No entanto, no caso das nascentes e de outros aquíferos, o flúor não é normalmente adicionado ao produto final. A questão de saber se as águas engarrafadas podem não dar a mesma proteção contra as cáries que as águas municipais tratadas foi levantada por membros da profissão de dentista. (Biron,1998)

A UTILIZAÇÃO DE ÁGUA ENGARRAFADA PARA LIMPAR AS LENTES DE CONTACTO

A utilização de água engarrafada para uso com lentes de contacto não é recomendada devido à presença de potenciais agentes patogénicos oculares (Penland e Wilhelmus, 1999). Coliformes, amebas e fungos, *P.aeruginosa* e uma variedade de outros potenciais agentes patogénicos foram isolados de nascentes, águas potáveis e águas engarrafadas de glaciares. A falta de esterilidade permite a contaminação das lentes de contacto após uma breve exposição.

ENDOTOXINAS NA ÁGUA ENGARRAFADA

Quando as bactérias Gram-negativas morrem, a lise das paredes celulares resulta na formação de endotoxinas. Os efeitos clínicos mais importantes são a febre e o choque, que resultam da presença de endotoxinas na corrente sanguínea do hospedeiro. A presença de endotoxinas na água engarrafada não é invulgar, devido ao número de bactérias presentes na própria água e agarradas aos lados do recipiente. Potencialmente, a diarreia pode resultar das endotoxinas presentes nas águas engarrafadas.

CAPÍTULO TRÊS

MATERIAIS E MÉTODOS

Recolha de amostras

Neste estudo, amostras de 10 marcas diferentes de água engarrafada, três saquetas de água e três garrafas de plástico cheias de amostras de água de furos foram compradas/coletadas em fevereiro de 2015 para análise microbiana e química.

Isolamento de microrganismos de amostras de água engarrafada

Enumeração de bactérias heterotróficas totais

Foi efectuada uma diluição em série de cada amostra, para formar diluições de 10^{-1} , 10^{-2} e 10^{-3} . As contagens totais de bactérias heterotróficas viáveis foram determinadas utilizando a técnica da placa de derramamento. Em seguida, o ágar nutriente fundido a 45^{0} C foi vertido em placas de Petri contendo 1 ml da diluição adequada para o isolamento das bactérias heterotróficas totais. Agitou-se para misturar e deixou-se solidificar. As placas de ágar nutriente foram incubadas a 37^{0} C durante 24 horas. As contagens de colónias foram efectuadas após a incubação, depois registadas em unidades formadoras de colónias por mililitro e preservadas por subcultura dos isolados bacterianos em placas de ágar nutriente que foram utilizadas para testes bioquímicos.

Determinação da qualidade bacteriológica:

Contagem bacteriana total

A contagem bacteriana total foi determinada pela técnica de pour plate utilizando métodos padrão (APHA, 1985). Foi utilizado um meio de ágar nutriente para a contagem de bactérias nas amostras.

Contagem de coliformes totais

Isto foi determinado pelo método do índice MPN utilizando o regime 3-3-3. Foi utilizado o caldo MacConkey e o resultado positivo foi indicado pela produção de ácido e gás na incubação a 37^0 C durante 48 horas (Fawole e Oso, 2001).

Teste presuntivo: Um (1) ml de cada amostra de homogenato foi transferido para tubos de ensaio estéreis contendo caldo de lactose e tubos de Durham invertidos. A incubação foi efectuada durante 24-48 horas a 37° C antes de os tubos serem verificados quanto à produção de gás.

Teste de confirmação: Uma ansa cheia de inóculo dos tubos de gás positivo foi semeada em placas de ágar Eosina Azul de Metileno. A incubação decorreu a 37^0 C e 44^0 C durante 24 horas. Após a incubação, as colónias que apresentavam uma cor preta azulada com brilho metálico verde e colónias avermelhadas/castanhas foram observadas e isoladas em placas de ágar.

Teste completo: As colónias que formaram um brilho metálico verde no ágar Eosina Azul de Metileno foram subcultivadas em tubos contendo caldo de lactose e incubadas a 37^0 C durante 24 horas, após o que os tubos foram observados quanto à produção de gás (Oranusi *et al,* 2004).

Contagem de coliformes fecais

A contagem de coliformes fecais foi determinada utilizando o meio de cultura Eosin Methylene Blue, através da técnica de placa. Os organismos com brilho metálico esverdeado foram considerados positivos para *E. coli.* Este facto foi confirmado pela capacidade do organismo para fermentar a lactose a $44,5^0$ C.

Enumeração de microrganismos

O método descrito por Collins *et al.* (1989) para estimar as contagens bacterianas e fúngicas foi utilizado para enumerar as contagens totais viáveis dos isolados. As colónias discretas no ágar nutriente e no ágar dextrose de batata foram seleccionadas e contadas. A contagem média de colónias nas placas de ágar nutriente e de batata dextrose de cada diluição dada foi utilizada para estimar a contagem total viável para as amostras em unidades formadoras de colónias por ml (ufc/ml).

Subcultura de isolados bacterianos

Uma única colónia isolada da bactéria foi colhida com a ajuda de uma ansa de arame esterilizada e foi semeada em meio de ágar nutriente fresco. As placas de ágar nutriente foram incubadas a 37^0 C durante 24 horas. As estirpes bacterianas isoladas e purificadas foram armazenadas sob refrigeração após a preparação das lâminas.

Caracterização e identificação de isolados bacterianos

Os isolados bacterianos foram identificados com base nos métodos microbiológicos padrão de Cowon, (1985) e Speck, (1976). Os isolados foram corados pelo método de Gram e foram efectuados testes bioquímicos adequados, incluindo a atividade da catalase, a utilização de açúcar, o teste do indol, o teste da oxidase, o teste da motilidade, o teste da urease e a atividade da coagulase. Os isolados de fungos foram identificados com base nas suas características macroscópicas e microscópicas com referência a chaves de identificação padrão e atlas (Tsuneo, 2010)

Características culturais

Para os isolados bacterianos, as características culturais foram observadas em placas de ágar nutriente. As características culturais incluem o tamanho, a forma, a superfície, a opacidade, a textura, a elevação e a pigmentação, que foram determinadas por observação visual.

TESTES MORFOLÓGICOS

Coloração de Gram

As colónias que cresceram em ágar nutriente foram coradas com gram de acordo com o procedimento padrão de coloração de gram descrito por Totora *et'al,* (2003).

Procedimento:

Foram preparados esfregaços dos isolados e fixados pelo calor em lâminas limpas sem gordura. Os esfregaços foram corados durante um minuto com violeta cristal. Este foi lavado com água destilada. As lâminas foram inundadas com solução diluída de iodo em grama durante um minuto. Esta foi lavada com água destilada e os esfregaços foram descolorizados com álcool a 95% durante 30 segundos e lavados com água destilada. Os esfregaços foram então contra-corados com solução de saffranina durante um minuto. Por fim, as lâminas foram lavadas com água destilada, secas ao ar e observadas com uma objetiva de imersão em óleo.

Coloração de esporos

Foi utilizado o método de coloração com verde de malaquite. Foram efectuados esfregaços dos isolados puros em lâminas de vidro sem gordura e fixadas a quente. As lâminas foram inundadas com solução de verde de malaquite a 5% p/v. As lâminas foram aquecidas de forma a que a coloração se tornasse vaporosa mas não fervesse. As lâminas foram então deixadas a repousar durante 5 minutos. As manchas foram lavadas em água corrente da torneira. Os esfregaços foram contra-corados com saffranina durante 30 segundos. As lâminas foram secas e examinadas com a objetiva de imersão em óleo. Os esporos coraram a verde, enquanto as células vegetativas coraram a vermelho.

Isolamento de fungos

Foi efectuada uma diluição em série de cada amostra, para formar diluições de 10^{-1}, 10^{-2} e 10^{-3}. As contagens totais de fungos heterotróficos viáveis foram determinadas utilizando a técnica da placa de derrame. Em seguida, o ágar dextrose de batata a 450C foi vertido em placas de Petri contendo 1 ml da diluição adequada para o isolamento das bactérias e fungos heterotróficos totais, respetivamente. Agitaram-se para misturar e deixaram-se solidificar. As placas de ágar dextrose de batata foram incubadas à temperatura ambiente durante 72 horas. As contagens das colónias foram efectuadas após a incubação e depois registadas em unidades formadoras de colónias por mililitro.

Identificação de fungos

Os isolados fúngicos foram identificados microscopicamente através do teste do azul de algodão com lactofenol. A identificação foi obtida colocando uma gota do corante numa lâmina limpa com o auxílio de uma alça de arame, onde uma pequena porção do micélio das culturas fúngicas foi removida e colocada numa gota de lactofenol. O micélio foi espalhado muito bem na lâmina com o auxílio da alça de arame. Aplicou-se suavemente uma lamela com pouca pressão para eliminar as bolhas de ar. A lâmina foi então montada e observada com lentes objectivas x10 e x40, respetivamente.

Parâmetros físico-químicos

As leituras de pH das amostras de água do furo foram efectuadas com um medidor de pH. O medidor de pH foi padronizado com tampões 4, 7 e 9 antes de ser utilizado (Sule *et al.*, 2009). A temperatura de cada amostra foi determinada com um termómetro de bulbo de mercúrio.

Determinação do pH*:* O pH das amostras foi determinado utilizando um medidor de pH que foi inicialmente padronizado utilizando soluções tampão de valor conhecido antes da análise

Determinação da condutividade: Esta determinação foi efectuada com um medidor de condutividade. A sonda foi mergulhada no recipiente das amostras até se obter uma leitura estável, que foi registada.

Determinação dos sólidos totais*:* Tomou-se um prato limpo e secou-se a 105° C numa estufa até se obter um peso constante (W_1). Pipetou-se com precisão 25 mililitros de uma amostra de efluente bem misturada para um prato, pesou-se e evaporou-se até à secura num banho de vapor. O resíduo foi seco numa estufa durante cerca de 1 h a 105° C e pesado novamente após arrefecimento à temperatura ambiente. O arrefecimento foi efectuado até que o peso da cápsula e do resíduo fosse constante (W2). O peso da cápsula foi subtraído para obter o peso dos sólidos totais.

Sólidos totais (mg/L) = (W_2 -W_1) mg x 1000

$$\text{Volume (ml) da amostra utilizada}$$

Onde W_1 = peso inicial da placa de evaporação

W_2 = Peso final da cápsula (cápsula de evaporação + resíduo)

Determinação dos sólidos suspensos totais*:* Vinte e cinco mililitros da amostra do efluente foram retirados para um frasco cónico com uma pipeta. A amostra foi filtrada num funil de Gooch equipado com papel de filtro de fibra de vidro que foi previamente seco a 105° C. A fibra de vidro foi cuidadosamente retirada do funil de Gooch e seca até atingir um peso constante a 105° C, sendo o peso subtraído do peso do papel de filtro para obter o peso dos sólidos em suspensão.

Determinação dos sólidos dissolvidos totais*:* O total de sólidos dissolvidos foi obtido pela diferença entre os sólidos totais e os sólidos suspensos.

Determinação da dureza total: 25 ml das amostras foram colocados em diferentes erlenmeyer limpos de 250 ml. Foram adicionados 3 ml de cloreto de amónio em tampão de amoníaco concentrado (NH_4 CL/conc.NH_3) e 2 gotas de indicador Eriochrome Black T. Esta solução foi titulada com uma solução de EDTA 0,01M até se verificar uma mudança de cor de violeta para azul.

Cálculo:

Dureza em mg/L$CaCO_3$ = V x M x 1000

$$\text{Volume (ml) da amostra utilizada}$$

Onde M = Molaridade do EDTA utilizado

V = Volume de EDTA utilizado

Determinação do oxigénio dissolvido: Para o efeito, utilizou-se o método de Winkler. Neste procedimento, foi adicionado às amostras um excesso de sal de manganês (II), iodeto (I^-) e iões hidróxido (OH^-), provocando a formação de um precipitado branco de $Mn(OH)_2$. Este precipitado foi então oxidado pelo oxigénio dissolvido na amostra de água, formando um precipitado castanho de manganês. Na etapa seguinte, é adicionado um ácido forte (ácido clorídrico ou ácido sulfúrico) para acidificar a solução. O precipitado castanho converte então o ião iodeto (I-) em iodo. A quantidade de oxigénio dissolvido é diretamente proporcional à titulação do iodo com uma solução de tiossulfato.

Neste estudo, as garrafas de CBO de 300 ml foram enchidas com as amostras, respetivamente, 2 ml de sulfato de manganês e 2 ml de solução alcalino-iodeto-azida, adicionados através da inserção de uma pipeta imediatamente abaixo da superfície do líquido. Os frascos foram tapados para evitar a introdução de ar e misturados por inversão várias vezes. Deixar os frascos em repouso durante alguns minutos. A presença de oxigénio é indicada pela formação de um precipitado castanho-alaranjado. Adicionam-se dois milímetros (2 ml) de H_2SO_4 às amostras. Misturou-se novamente por inversão para dissolver o precipitado. Mediu-se então duzentos e um mililitros da amostra para um erlenmeyer limpo de 250 ml e titulou-se com uma solução de tiossulfato de sódio ($Na_2S_2O_3 5H_2O$) utilizando o indicador de amido até a solução se tornar incolor.

Cálculo

DO (mg/L) = 16000 x M xV

$$V_2 / V_1 (V_1 - 2)$$

Onde = Molaridade do tiossulfato utilizado.

V   = volume de tiossulfato utilizado na titulação

V1 =Volume da garrafa com rolha

V2 = Volume da alíquota tomada para a titulação.

Determinação de cloretos: O cloreto foi determinado por titulação de Mohr. Vinte mililitros de amostra foram colocados num erlenmeyer e o pH foi ajustado para um valor entre 6 e 8 com uma pequena quantidade de solução de carbonato de cálcio (0,1 M). Adicionou-se um mililitro de solução de cromato de potássio preparada pela dissolução de 50 g de cromato de potássio num mínimo de água destilada e a solução foi titulada com uma solução de nitrato de prata (0,0141 M), sob agitação constante.

Determinação de nitratos

Mediram-se cinquenta mililitros (50 ml) de cada amostra de água num frasco cónico estéril. Em seguida, adicionou-se 1 ml de arseniato de sódio e agitou-se bem. Mediu-se 5 ml da mistura num tubo de ensaio separado. Adicionou-se 1 ml do indicador sulfato de brucina/sulfato ferroso de fenotrolina com 10 ml de $H_2 SO_4$ concentrado. Misturou-se os restantes 45 ml de solução e deixou-se desenvolver durante cerca de 30 minutos a 1 hora. A absorvância foi lida a um comprimento de onda de 500 nm utilizando um espetrofotómetro UV.

Determinação de fosfato

Pipetaram-se dez mililitros (10 ml) da amostra neutralizada para um balão volumétrico de 50 ml. Adicionaram-se 4 ml de ácido sulfúrico e agitou-se em cada adição, adicionaram-se 6 gotas de cloreto estanoso, agitou-se e adicionou-se água destilada até perfazer 30 ml. A absorvância foi lida a um comprimento de onda de 650nm utilizando o espetrofotómetro UV.

Determinação do ferro

Pipetaram-se cinco mililitros (5 ml) de amostra de água para um tubo de ensaio. Foram adicionados 5 ml de tampão de acetato de sódio. Adicionou-se também 0,5 ml de cloridrato de hidroxilamina a 105 e 5 ml de fenotrolina a 0,02%. O volume do balão volumétrico foi completado para 50 ml com água destilada, deixou-se desenvolver durante 50 minutos e a absorvância foi lida a um comprimento de onda de 510 nm utilizando um espetrofotómetro UV, tendo sido utilizados ensaios em branco para a calibração e verificação da qualidade.

Tratamento e análise de amostras para BPA

O bisfenol A foi extraído de amostras de água utilizando um procedimento de Dean e Xion (2000), que foi ligeiramente modificado. Mediram-se 10 gramas (50±0,0 ml) de amostra de água e 100 ml de diclorometano (DCM) através de um funil de separação e agitou-se durante 30 minutos para a extração do BPA. A ampola de decantação foi fechada e a mistura foi deixada separar-se. Após a separação, a porção de DCM foi recolhida. O processo foi repetido três vezes até à extração completa.

Os brancos foram preparados seguindo o mesmo procedimento sem amostra. A amostra padrão utilizada para o controlo de qualidade foi preparada adicionando a solução padrão (Bifenol A) ao DCM. Todos os extractos foram separados, tendo sido adicionado cobre ativado ao extrato combinado para dessulfuração. Após filtração subsequente sobre sulfato de sódio anidro, a solução foi concentrada a 1,0 ml utilizando um evaporador rotativo, tendo sido utilizada uma solução de mistura de padrão interno (cloreto de vinilo) com o extrato para verificação do controlo de qualidade utilizando o cromatógrafo a gás Hewlett Packard HP 5890 série II com deteção selectiva de massa (GC-MS).

Instrumentação e condições GC-MS

Para separar e quantificar os compostos de BPA, utilizou-se um cromatógrafo de gás Hewlett Packard HP 5890 série II, equipado com um injetor Agilent 7683B (Agilent Technologies, Santa Clara, CA, EUA), uma coluna capilar HP-5MS de 30 m, 0,25 mm de diâmetro interno (Hewlett-Packard, Palo Alto, CA, EUA) revestida com 5% de fenil-metilsiloxano (espessura de película de 0,25 p.m) e um detetor seletivo de massa Agilent 5975 (MSD). As amostras foram injetadas no modo splitless a uma injeção de 300^0 C. As temperaturas da linha de transferência e da fonte de iões foram de 280^0 C e 200^0 C. A temperatura da coluna foi inicialmente mantida a 40^0 C durante 1 min, aumentada para 120° C a uma taxa de 25^0 C/min, depois para 160^0 C a uma taxa de 10^0 C/min e finalmente para 3000C a uma taxa de 5^0 C/min, mantida à temperatura final durante 15 min. A temperatura do detetor foi mantida a 280^0 C. O hélio foi utilizado como gás de arrastamento a um caudal constante de ml/min. A espetrometria de massa foi obtida utilizando os modos de ionização de electrões (EI) e de monitorização selectiva de iões (SIM)

CAPÍTULO QUATRO

RESULTADOS

A contagem total de bactérias viáveis aumentou com o armazenamento das amostras de água engarrafada, ao passo que a contagem total de coliformes não foi registada na água engarrafada de 0 a 4 semanas. As contagens totais viáveis variaram de $1,0 \times 10^1$ - $1,9 \times 10^2$ enquanto a contagem de coliformes e a contagem de coliformes fecais foram nulas para todas as amostras de água engarrafada de 0 a 4 semanas. (Tabela 1). Os factores que contribuíram para o aumento da carga bacteriana durante o armazenamento podem ser devidos ao armazenamento prolongado, à temperatura de armazenamento, à flora natural típica da água de origem utilizada para as diferentes marcas e à disponibilidade de nutrientes na água. A ANOVA, $P > 0,05$, mostrou que não houve diferença significativa nas contagens médias de contagem total de bactérias viáveis, contagem de coliformes, contagem de *Escherichia coli* e contagem de fungos para as diferentes marcas de amostras de água engarrafada analisadas.

Tabela 1: Contagem total de bactérias viáveis das amostras de água engarrafada

Samples	TBC (cfu/ml)			TCC (cfu/ml)			EC (cfu/ml)			FC (cfu/ml)		
	Week 0	Week 1	Week 4	Week 0	Week 1	Week 4	Week 0	Week 1	Week 4	Week 0	Week 1	Week 4
B_1.	5.0×10^1	6.0×10^1	1.5×10^2	Nil	Nil	Nil	Nil	Nil	Nil	Nil	Nil	Nil
B_2	Nil	Nil	5.0×10^1	Nil	Nil	Nil	Nil	Nil	Nil	Nil	Nil	Nil
B_3	Nil	Nil	Nil	Nil	Nil	Nil	Nil	Nil	Nil	Nil	Nil	Nil
B_4	4.0×10^1	6.0×10^1	6.0×10^1	Nil	Nil	Nil	Nil	Nil	Nil	Nil	Nil	Nil
B_5	6.0×10^1	1.6×10^2	1.6×10^2	Nil	Nil	Nil	Nil	Nil	Nil	Nil	Nil	Nil
B_6	1.0×10^1	2.0×10^1	1.9×10^2	Nil	Nil	Nil	Nil	Nil	Nil	Nil	Nil	Nil
B_7	Nil	Nil	Nil	Nil	Nil	Nil	Nil	Nil	Nil	Nil	Nil	Nil
B_8	Nil	Nil	Nil	Nil	Nil	Nil	Nil	Nil	Nil	Nil	Nil	Nil
B_9	Nil	Nil	Nil	Nil	Nil	Nil	Nil	Nil	Nil	Nil	Nil	Nil
B_{10}	Nil	Nil	1.0×10^1	Nil	Nil	Nil	Nil	Nil	Nil	Nil	Nil	Nil

KEY: TBC= Total Bacterial Counts, TCC= Total Coliform Counts, EC= *E. Coli* count, FC= Fungal counts, B_1-B_{10}

A tabela 2 mostra a comparação da qualidade bacteriológica da água de saqueta e da garrafa de plástico cheia de água do furo. A média da contagem total viável das amostras de água de saqueta variou entre $1,3\text{x}10^2$ -$2,3\text{x}10^2$ cfU/ml de 0 a semana 4, enquanto que a contagem total viável de bactérias das amostras de água de furo enchidas com garrafas de plástico variou entre $4,4 \times 10^2$ cfu/ml na água de furo enchida com plástico Uniben e $4,9 \times 10^2$ cfU/ml na água de furo enchida com Eva.

Tabela 2: Contagens microbianas das amostras de água da saqueta e do furo

Microbial counts (cfu/ml)	Sachet water			Plastic bottle filled with borehole water		
	Week 0	Week 1	Week 4	Uniben	Eva	Aquafina
Total viable bacterial counts	1.3×10^2	2.0×10^2	2.3×10^2	1.6×10^3	1.8×10^3	1.4×10^3
Coliform counts	Nil	Nil	Nil	4.4×10^2	4.9×10^2	4.7×10^2
E.coli **counts**	Nil	Nil	Nil	5.0×10^1	7.0×10^1	6.0×10^1
Fungal counts	Nil	Nil	Nil	1.0×10^2	1.6×10^2	1.3×10^2

Caracterização dos isolados bacterianos

Os testes morfológicos e bioquímicos efectuados em isolados das amostras de água de saqueta e de água engarrafada revelaram a presença de *Klebsiella* sp., *Bacillus* sp., *Escherichia coli, Acinetobacter* sp., *Micrococcus* sp., *Staphylococcus aureus* , *Bacillus* sp. e *Pseudomonas aeruginosa*

Tabela 3: Características culturais, morfológicas e bioquímicas dos isolados bacterianos de amostras de água de furos engarrafados, de saquetas e recarregados

Isolates	Cultural	Gram staining	Motility	Spore staining	Catalase	Oxidase	Coagulase	Indole	Urease	Citrate	Glucose	Lactose	Organisms
1	Medium creamy colony, convex elevation and smooth margin	-ve rod in single	-	-	+	-	-	-	+	+	+	+	*Klebsiella* sp.
2	Small creamy colony, with rough surface	+ rod in chains	+	+	-	-	-	-	+	+	+	-	*Bacillus* sp.
3	Small creamy colony, convex elevation and smooth margin	-ve rod in single	+	-	+	-	-	+	-	-	+	+	*Escherichia coli*
4	Large creamy colony flat elevation and entire margin	+ve rod in chains	+	+	+	-	-	-	+	+	+	-	*Bacillus subtilis*
5	Large creamy, translucent, flat elevation and entire margin	-ve rod in single	-	-	+	-	-	-	+	+	-	-	*Acinetobacter* sp.
6	Medium yellow colony convex elevation and entire margin	+ve cocci in single	-	-	+	-	-	-	+	+	+	-	*Micrococcus* sp.
7	Small yellow colony convex elevation and entire margin	+ve cocci in cluster	-	-	+	-	+	-	+	+	+	-	*Staphylococcus aureus*
8	Medium greenish colony, low convex and entire margin	-ve rod in single	+	-	+	+	-	-	-	+	+	-	*Pseudomonas aeruginosa*

42

Os resultados da Tabela 4 indicam a presença de *Escherichia coli, , Acinetobacter* sp. e *Pseudomonas aeruginosa* na água engarrafada de plástico recarregada. *Bacillus subtilis* e *Micrococcus* sp. foram detectados em amostras de água engarrafada e de saqueta. Espécies fúngicas como *Aspergillus niger, Aspergillus flavus* e *Saccharomyces cerevisiae* também foram detectadas nas amostras de água engarrafada de plástico recarregada. Com base na tabela, as amostras de água engarrafada e de saqueta apresentaram resultados negativos quanto à presença de fungos, uma vez que não foi identificada qualquer colónia de fungos durante o período de cultura.

Tabela 4: Distribuição dos isolados bacterianos nas amostras de água engarrafada, de saqueta e de água engarrafada recarregada

Bacterial isolates	Bottled Water	Sachet water	Refilled plastic borehole bottled water
Klebsiella sp.	-	-	+
Bacillus subtilis	+	+	-
Escherichia coli	-	-	+
Acinetobacter sp.	-	-	+
Micrococcus sp.	+	+	-
Staphylococcus aureus	+	+	-
Bacillus sp.	-	+	+
Pseudomonas aeruginosa	-	-	+
Fungal isolates			
Aspergillus niger	-	-	+
Aspergillus flavus	-	-	+
Saccharomyces cerevisiae	-	-	+

Key:

+= Present

-= Absent

Um resumo das espécies de fungos isoladas no estudo é apresentado na Tabela 5. Os isolados fúngicos foram *Aspergillus niger, Aspergillus flavus* e *Saccharomyces cerevisiae*. Muitas das espécies foram isoladas das amostras de água engarrafada de plástico recarregada. O género *Aspergillus* foi representado apenas por duas espécies, *A. flavus* e *A. niger*.

Quadro 5: Características culturais e morfológicas dos isolados fúngicos

Characteristics	F1	F2	F3
Cultural characteristics	Greenish yellow colony with reverse side yellow	Medium creamy colony convex elevation and entire margin	Black fluffy colony with reverse side yellow
Microscopic characteristics			
Nature of hyphae	Septate	Pseudohyphae	Septate
Colour of spore	Yellow	Cream	Brown
Type of spore	Conidiophores	Chlamydospore	Conidiophores
Appearance of special structure	Foot cells	Budding	Foot cells
Possible isolates	*Aspergillus flavus*	*Saccharomyces* sp.	*Aspergillus niger*

Análise físico-química

Um total de trinta amostras de água engarrafada, três saquetas e garrafas de plástico cheias de amostras de água do furo foram analisadas quanto às propriedades físico-químicas e microbiológicas, tais como contagens de coliformes, pH, temperatura, condutividade, cloreto, CBO, sólidos dissolvidos e ferro. O método adotado para a análise das amostras foi o método padrão estabelecido pela Organização Mundial de Saúde para o exame da água (Adeyemo, 2002). Os resultados obtidos revelaram que havia variações nos valores obtidos nas amostras engarrafadas e de saqueta dos três centros de recolha, respetivamente. Os resultados do exame físico-químico das amostras são apresentados nas tabelas 2, 3 e 4, respetivamente. O pH das amostras de água engarrafada obtidas na empresa variou entre 6,5 e 7,7 . Este valor está dentro da norma desejável da OMS de 6,5-8,5 para o pH. Os valores obtidos para a condutividade para todas as amostras variaram entre 4,4-36,0 µS/cm, o que é inferior ao padrão mais elevado desejável da OMS de 900 µS/cm.

Como se mostra na Tabela 6, observou-se uma diminuição do pH em todas as diferentes marcas de amostras de água engarrafada durante quatro semanas de armazenamento. O pH da água engarrafada variava entre 6,05 e 7,23. Na primeira semana de produção, a água engarrafada tinha um valor de pH de 7,23, que era alcalino, mas depois diminuiu para um pH de 6,05 na quarta semana, que era ligeiramente ácido.

A temperatura da água, expressa em graus Celsius (°C), é um parâmetro importante devido aos seus efeitos sobre a solubilidade do oxigénio na água e a sensibilidade dos organismos a resíduos tóxicos, parasitas e doenças. Os valores de temperatura indicados no quadro 6 aumentam com o armazenamento em todas as diferentes marcas de água engarrafada. A temperatura das amostras de água engarrafada variou entre $30,16 \pm 1,21$-$33,32 \pm 1,20^0$ C.

A condutividade é uma expressão numérica da capacidade da água para conduzir uma corrente eléctrica, resultante da presença de espécies carregadas em solução. A condutividade é influenciada por uma série de factores, tais como a concentração e a natureza dos solutos, o seu grau de dissociação em iões, as suas cargas eléctricas, a mobilidade dos iões e a temperatura da solução. Os valores de condutividade (pS/cm) expressos em Siemens/cm são apresentados na Tabela 6. Verificou-se uma flutuação na condutividade da água engarrafada durante quatro semanas de armazenamento. A condutividade das amostras de água engarrafada variou entre $16,30 \pm 10,12$ e $19,10 \pm 12,26$µs/cm

Os valores de turvação (NTU) expressos em unidade nefelométrica de turvação são apresentados no quadro 6. Os valores de turvação foram geralmente quase os mesmos para todas as águas engarrafadas durante as quatro semanas de armazenamento. O valor de turvação das amostras de água engarrafada durante as quatro semanas de armazenamento foi de $0,20 \pm 0,09$ NTU

O teor de fosfato das amostras de água engarrafada é apresentado no quadro 6. Os valores de fosfato para as amostras de água engarrafada foram inferiores ao limite detectado para todas as amostras de água engarrafada.

O teor de nitratos das amostras de água engarrafada é apresentado no quadro 6. Os valores de nitrato para as amostras de água engarrafada estavam abaixo do limite detectado para todas as amostras de água engarrafada. O teor de sulfato da água engarrafada durante quatro semanas de armazenamento variou de $0,02 \pm 0,04$ a $0,04 \pm 0,04$ mg/L. As variações de sulfato nas amostras de água engarrafada não foram significativamente diferentes (P>0,05).

A CBO é uma medida do oxigénio consumido nas amostras de água, em mg/l, em condições laboratoriais, durante os processos biológicos que decompõem a matéria orgânica em substâncias simples, durante um período de 5 dias, por micróbios, geralmente bactérias (Ademoroti, 1996). Os valores da carência biológica de oxigénio no dia 5 (CBO5) (mg/l) são apresentados no quadro 6. Os valores são geralmente inferiores aos do oxigénio dissolvido (OD) e não se verificou qualquer alteração nos valores de CBO da água engarrafada durante as quatro semanas de armazenamento. O valor de CBO para a água engarrafada foi de $0,52 \pm 0,85$ mg/L

O resultado do sólido total dissolvido das amostras de água engarrafada durante quatro semanas de armazenamento é apresentado na Tabela 6. A tabela mostra que não houve sólidos totais dissolvidos para todas as diferentes marcas de amostras de água engarrafada durante as quatro semanas de armazenamento.

O resultado do total de sólidos em suspensão das amostras de água engarrafada durante quatro semanas de armazenamento é apresentado no Quadro 6. A partir da tabela, não se registou qualquer sólido total em suspensão para todas as diferentes marcas de amostras de água engarrafada durante as quatro semanas de armazenamento.

Os valores de alcalinidade registados em todas as diferentes marcas de água engarrafada durante quatro semanas de armazenamento foram de $3,50 \pm 2,84$ mg/L. Não se registou qualquer alteração na alcalinidade das amostras de água engarrafada durante as quatro semanas de armazenamento.

O resultado da dureza total das amostras de água engarrafada durante quatro semanas de armazenamento é apresentado na Tabela 6. O valor da dureza total registado para todas as diferentes marcas de água engarrafada durante quatro semanas de armazenamento foi de 0,25 ± 0,11 mg/L. Não se registou qualquer variação na dureza total das amostras de água engarrafada durante as quatro semanas de armazenamento.

O teor de ferro das amostras de água engarrafada durante quatro semanas de armazenamento é apresentado no Quadro 6. Foi registada uma baixa concentração de ferro em todas as marcas de amostras de água engarrafada durante as quatro semanas de armazenamento. O teor de ferro das amostras de água engarrafada foi de 0,01 ± 0,01 mg/L durante as quatro semanas de armazenamento. Não se registou qualquer variação no teor de ferro das amostras de água engarrafada durante as quatro semanas de armazenamento

O teor de cloreto das amostras de água engarrafada durante quatro semanas de armazenamento é apresentado na Tabela 6. Os valores de cloreto registados foram de 0,39±0,27 mg/l. Não se registaram variações no teor de cloretos da 1ª à 4ª semana e não foram significativamente diferentes (P>0,05) a um nível de confiança de 5%

Tabela 6: Propriedades físico-químicas da água engarrafada armazenada à temperatura ambiente

Parameter	Week 0	Week 1	Week 4
pH	7.23 ± 0.48	7.15 ± 0.39	6.05 ± 0.72
Temperature (^{O}C)	30.16 ± 1.21	31.63 ± 1.03	33.32 ± 1.20
Conductivity (μS/cm)	16.30 ± 1.12	19.10 ± 1.26	17.43 ± 1.72
TDS (mg/L)	0.00 ± 0.00	0.00 ± 0.00	0.00 ± 0.00
TSS (mg/L)	0.00 ± 0.00	0.00 ± 0.00	0.00 ± 0.00
Turbidity (NTU)	0.20 ± 0.09	0.20 ± 0.09	0.20 ± 0.09
BOD (mg/L)	0.52 ± 0.85	0.52 ± 0.85	0.52 ± 0.85
Alkalinity	3.50 ± 2.84	3.50 ± 2.84	3.50 ± 2.84
Total Hardness (mg/L)	0.25 ± 0.11	0.25 ± 0.11	0.25 ± 0.11
Phosphate (mg/L)	0.00 ± 0.00	0.00 ± 0.00	0.00 ± 0.00
Nitrate (mg/L)	0.00 ± 0.00	0.00 ± 0.00	0.00 ± 0.00
Sulphate (mg/L)	0.03 ± 0.04	0.04 ± 0.04	0.02 ± 0.04
Chloride (mg/L)	0.39 ± 0.27	0.39 ± 0.27	0.39 ± 0.27
Iron (mg/L)	0.01 ± 0.01	0.01 ± 0.01	0.01 ± 0.01

CHAVE: NTU=Unidade nefelométrica de turbidez

As propriedades físico-químicas das amostras de água de saqueta são apresentadas no Quadro 7. Os valores de pH variaram de 7,4-7,6 durante as quatro semanas de armazenamento. Verificou-se uma ligeira diminuição dos valores de pH durante as quatro semanas de armazenamento; O valor da temperatura variou entre 28,9 -29,2^{0} C. A condutividade das amostras de água de saqueta variou entre 40,1-40,4 µs/cm durante as quatro semanas de armazenamento. A turvação das amostras de água de saqueta foi de 0,27 NTU durante as quatro semanas de armazenamento. Não se registou qualquer alteração na turvação ao longo dos períodos de armazenamento. A dureza total variou de 28,90-29,30 mg/L para a amostra de água de saqueta durante as quatro semanas de armazenamento. O teor de sulfato da amostra de água de saqueta diminuiu ligeiramente de 0,327 mg/L na primeira semana de produção para 0,306 mg/L na quarta semana de armazenamento. O teor de cloreto das amostras de água de saqueta variou de 0,44 a 0,53 mg/L. Houve flutuação no teor de cloreto das amostras de água de saqueta durante o armazenamento.

Quadro 7: Propriedades físico-químicas da água de saqueta

Parameters	Week 0	Week 1	Week 4	WHO (2011) water standards	SON (2007) water standard
PH	7.6	7.6	7.4	6.5-8.5	6.5-8.5
Temperature ($^\circ$C)	29.2	29.2	28.9		Ambient
Conductivity (μs/cm)	40.4	40.3	40.1	900	1000
TDS (mg/L)	Nil	Nil	Nil	1500	1500
TSS(mg/L)	Nil	Nil	Nil		
Turbidity (NTU)	0.27	0.27	0.27	5	
Alkalinity(mg/L)	1.0	1.0	1.0		
Total hardness(mg/L)	29.30	29.20	28.90		
Total iron(mg/L)	BDL	0.004	0.007	0.3	
Chloride(mg/L)	0.53	0.44	0.53	400	300
Sulphate(mg/L)	0.327	0.326	0.306	250	100
Phosphate(mg/L)	BDL	BDL	BDL	6.5	
Nitrate (mg/L)	BDL	BDL	BDL	50	50-70
BOD(mg/L)	BDL	BDL	BDL		

Os resultados da análise dos parâmetros físico-químicos das amostras de água de furo enchidas com garrafas de plástico são apresentados na tabela 8. Os valores de pH variaram entre 5,6 e 6,6. O valor médio da temperatura variou entre 32. -32,9^0 C. A condutividade das amostras de água engarrafada de reutilização variou entre 29,0 -29,5 ps/cm. A turvação das amostras de água de saqueta variou entre 5,30 e 5,80 NTU durante as quatro semanas de armazenamento. A dureza total da água do furo variou de 42,90-44,60 mg/L. A alcalinidade das amostras de água do furo variou de 8,0-12,0 mg/L. O teor de cloreto das garrafas de plástico cheias com amostras de água do furo variava entre 9,7-11,5 mg/L. O teor de sulfato das amostras de água dos furos enchidos com garrafas de plástico variava entre 8,21 e 8,23 mg/L. O teor de fosfato das amostras de água do furo variou de 96,80-115,20 mg/L. A CBO das amostras de água do furo enchidas com garrafas de plástico variou entre 26,4-36,0 mg/L.

Tabela 8: Propriedades físico-químicas da água do furo

Parameters	UNIBEN	EVA	AQUAFINA	WHO (2011) water standards	SON (2007) water standard
pH	5.6	5.6	6.6	6.5-8.5	6.5-8.5
Temperature ($^{\circ}$C)	32.2	32.5	32.9		Ambient
Conductivity (μs/cm)	29.0	29.5	40.6	900	1000
TDS (mg/L)	7.8	9.5	15.5	1500	1500
TSS (mg/L)	6.0	3.5	7.5		
Turbidity	5.80	5.50	5.30	5	
Alkalinity (mg/L)	12.0	8.0	8.0		
Total hardness(mg/L)	44.60	43.10	42.90		
Total iron(mg/L)	1.051	1.001	1.031	0.3	
Chloride (mg/L)	11.5	9.7	10.6	400	300
Sulphate (mg/L)	8.23	8.21	8.22	250	100
Nitrate (mg/L)	0.24	0.22	0.22	50	50-70
Phosphate(mg/L)	115.2	96.8	102.0	6.5	
BOD(mg/L)	36.0	33.6	26.4		

Foram detectadas concentrações de um total de 5 congéneres de Bisfenol A (BPA) nas amostras de água de furos enchidas com saquetas e garrafas de plástico. Estas concentrações variaram entre 0,006 e 0,087 mg/L e 0,023 e 0,251 mg/L para as amostras de água de furos e garrafas de plástico, respetivamente.

Tabela 9: Concentração de Bisfenol A em saquetas e garrafas de plástico cheias com amostras de água de furos

Parameter	Uniben sachet week 4	Uniben sachet Week o	Uniben sachet week 1	Eva plastic/ BHW	Uniben plastic/BHW	Aqua plastic/BHW	WHO/FAO Standard
Methylene chloride	0.007	0.004	0.005	0.065	0.015	0.031	1.0
Hexane	0.013	<0.001	<0.001	<0.001	<0.001	<0.001	1.0
Chloroform	<0.001	<0.001	<0.001	0.001	<0.001	0.001	1.0
Toluene	<0.001	<0.001	<0.001	<0.001	<0.001	<0.001	1.0
Benzene	<0.001	<0.001	<0.001	<0.001	<0.001	<0.001	1.0
Vinyl chloride	0.062	0.002	0.024	0.164	0.008	0.067	5.0
Tetrachloroethylene	0.003	<0.001	<0.001	0.021	<0.001	0.015	1.0
Chlorobenzene	0.002	<0.001	<0.001	<0.001	<0.001	<0.001	1.0
Dichlorobenzene	<0.001	<0.001	<0.001	<0.001	<0.001	<0.001	1.0
Total (mg/l)	0.087	0.006	0.029	0.251	0.023	0.114	

Quadro 10: Concentração de bisfenol A na água engarrafada Eva durante o armazenamento durante quatro semanas

Parameter	Eva (Fresh)	Eva (1 week)	Eva (4 week)
Methylene chloride	<0.001	0.009	0.055
Hexane	<0.001	<0.001	<0.001
Chloroform	<0.001	<0.001	0.001
Toluene	<0.001	<0.001	<0.001
Benzene	<0.001	<0.001	<0.001
Vinyl chloride	<0.001	0.024	0.139
Tetrachloroethylene	<0.001	<0.001	0.018
Chlorobenzene	<0.001	<0.001	<0.001
Dichlorobenzene	<0.001	<0.001	<0.001
Total (mg/l)	**0**	**0.033**	**0.214**

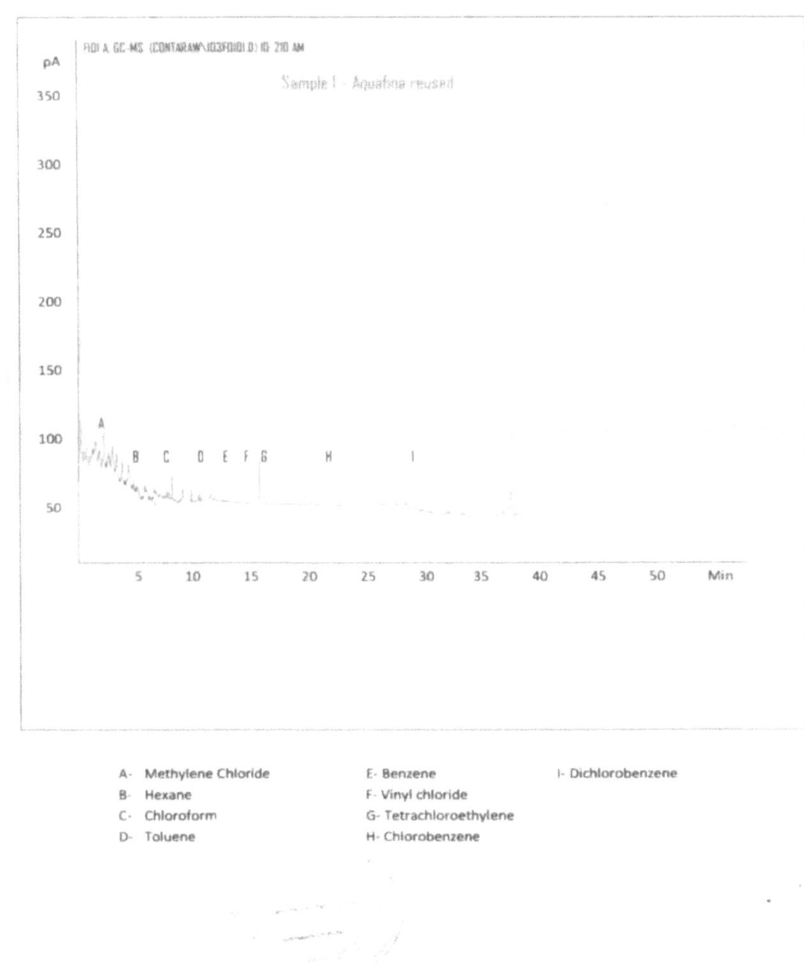

Figura 1: Picos de CG-EM do plástico Aquafina cheio com água do furo

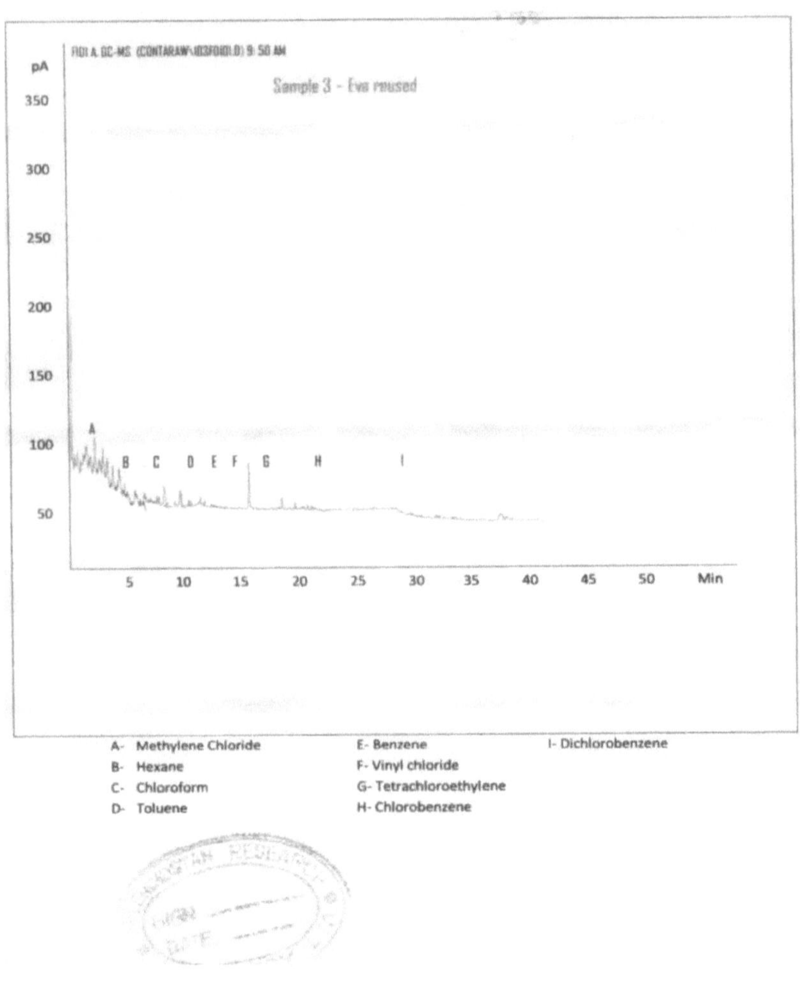

Figura 2: Picos de G.C.-MS do plástico Eva cheio de água do furo

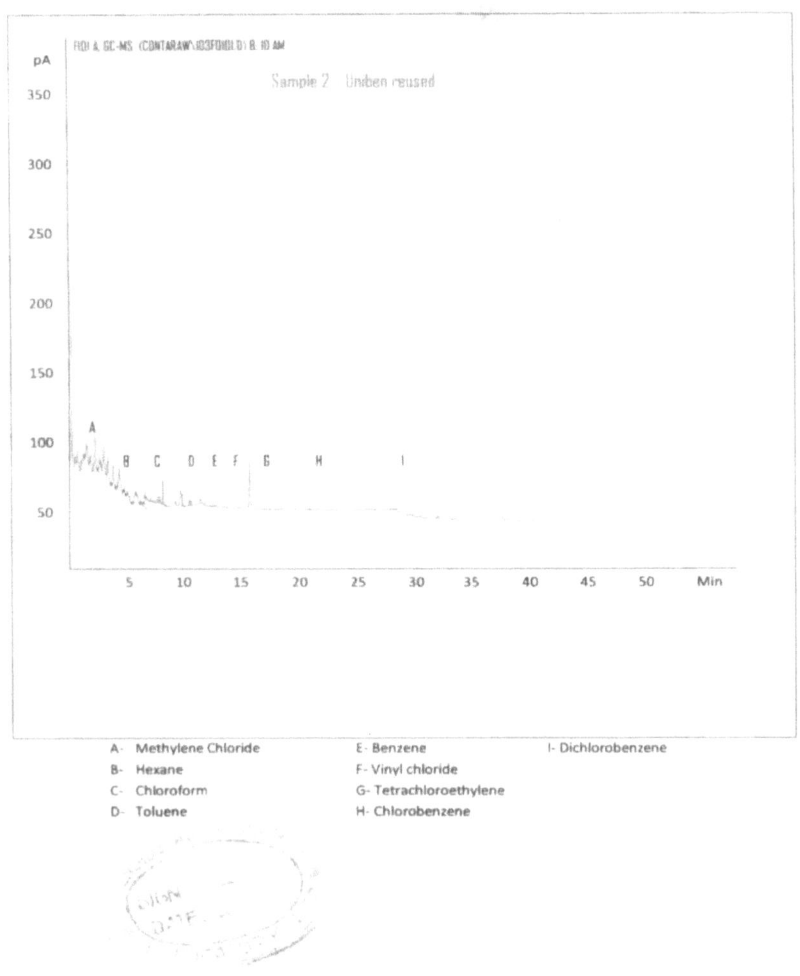

Figura 3: Picos de G.C.-MS do plástico Uniben cheio com água do furo

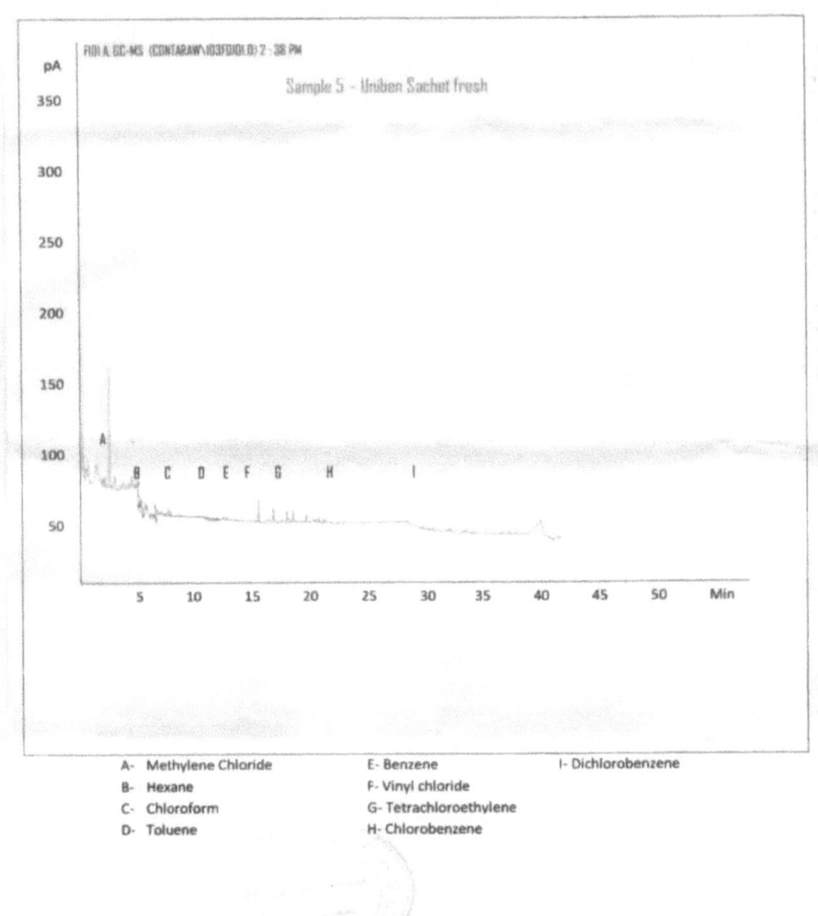

Figura 4: Picos de CG-EM da água de saqueta da semana 0

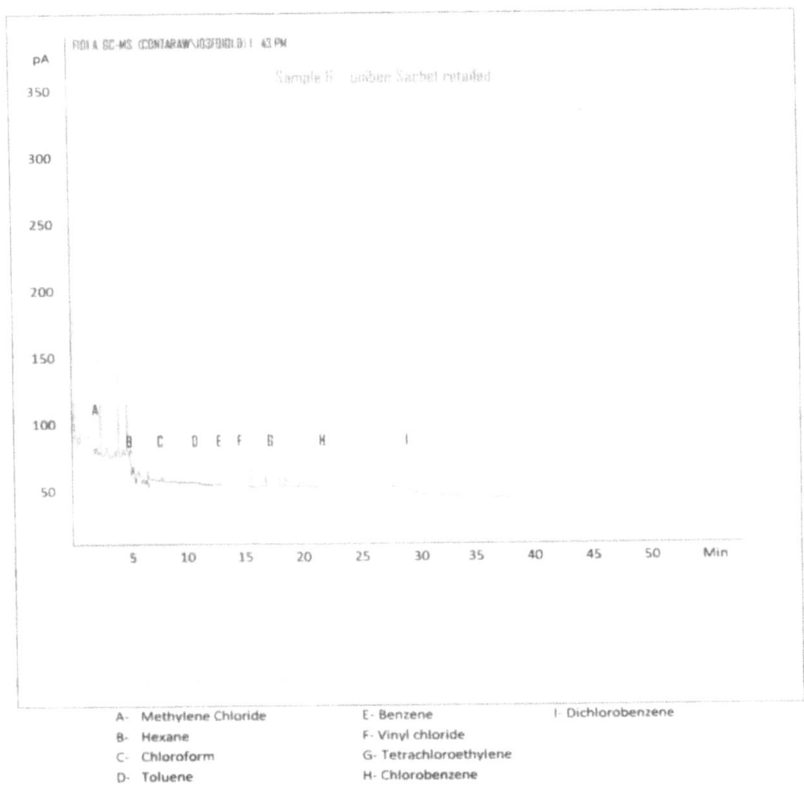

Figura 5: Picos de CG-EM da água de saqueta da semana 1

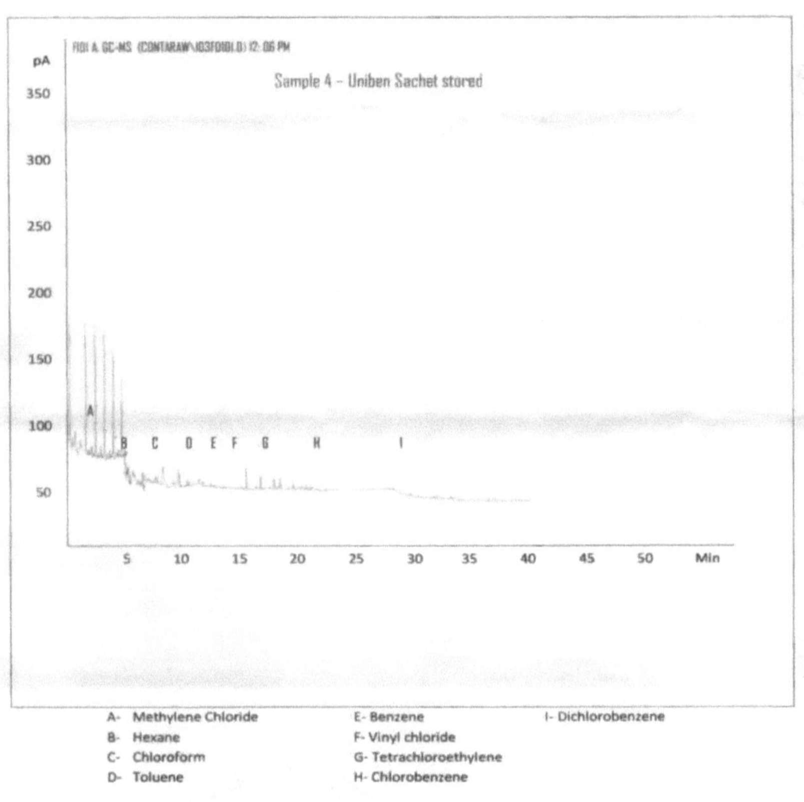

Figura 6: Picos de CG-EM da água de saqueta da semana 4

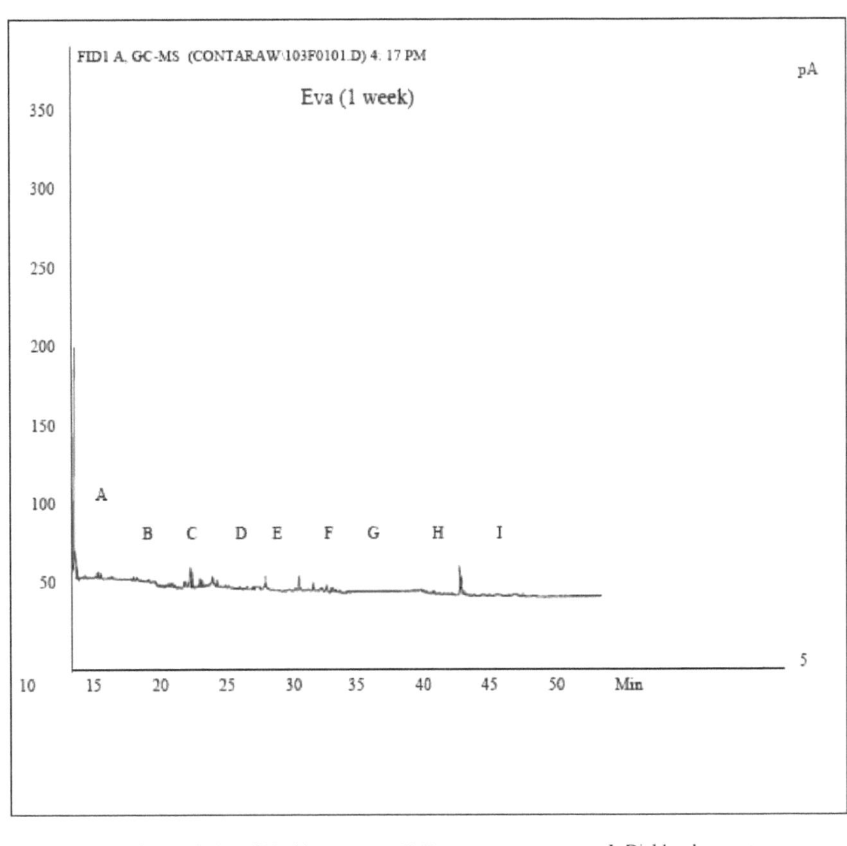

A- Methylene Chloride   E- Benzene   I- Dichlorobenzene
B- Hexane   F- Vinyl chloride
C- Chloroform   G- Tetrachloroethylene

Figura 7: Picos de CG-EM da água engarrafada Eva da semana 1

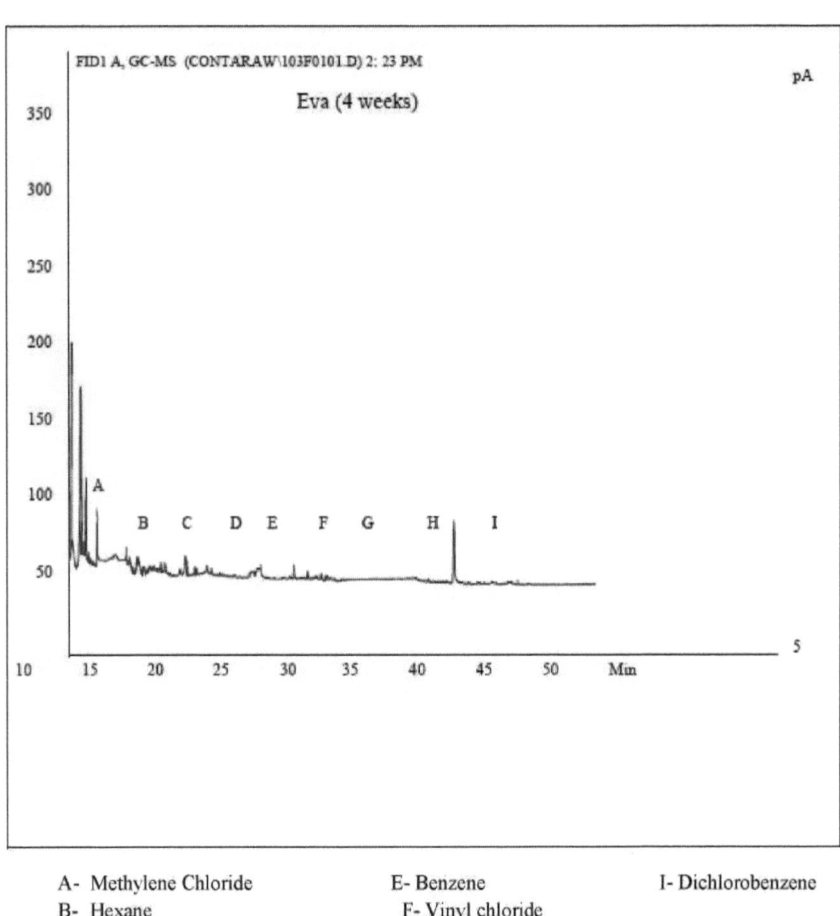

A- Methylene Chloride	E- Benzene	I- Dichlorobenzene
B- Hexane	F- Vinyl chloride	
C- Chloroform	G- Tetrachloroethylene	
D- Toluene	H- Chlorobenzene	

Figura 8: Picos de CG-EM da água engarrafada Eva na semana 4

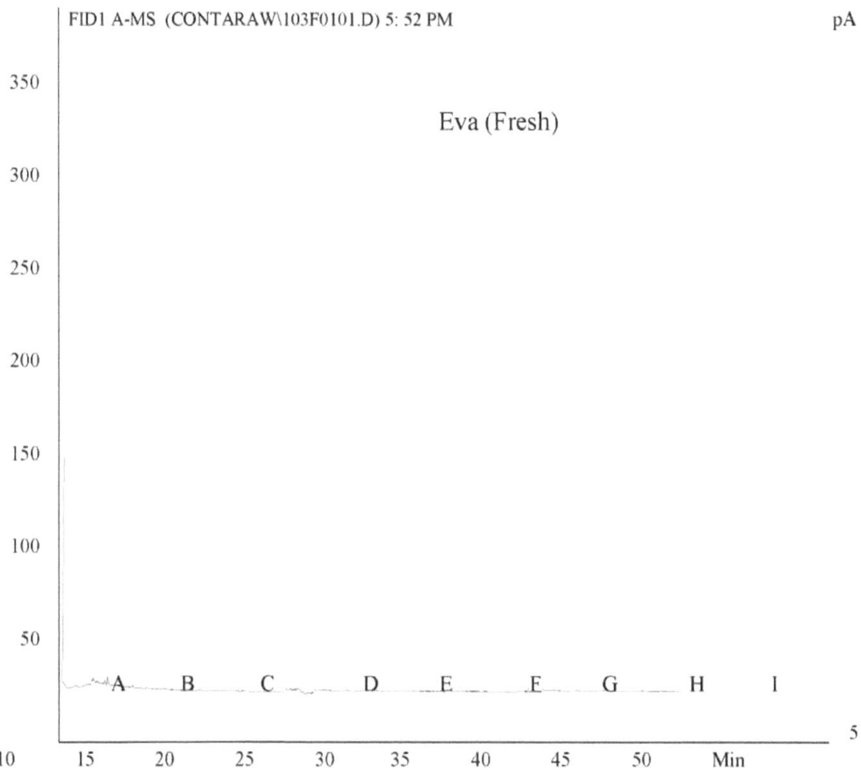

Figura 9: Picos de G.C.-MS da água engarrafada Eva semana 0

CAPÍTULO CINCO
DEBATE E CONCLUSÃO

Os resultados obtidos neste estudo mostram que a água potável engarrafada e a água de saqueta vendida na metrópole de Benim apresentavam características variáveis em termos das suas qualidades microbiológicas e físico-químicas. Os resultados da análise microbiológica das diferentes marcas de água engarrafada e de uma marca de amostra de água de saqueta observaram um aumento das contagens bacterianas com o armazenamento da semana 0 à semana 4. As contagens totais de bactérias heterotróficas aeróbias obtidas das amostras de água de saqueta são apresentadas na Tabela 1. As contagens de bactérias heterotróficas aeróbias totais variaram de 1,0 a $1,9 \times 10^2$ ufc/ml das amostras de água engarrafada. Foi observado um aumento gradual nas contagens totais de bactérias heterotróficas aeróbias em todas as marcas testadas até à 4ª semana. Resultados semelhantes foram obtidos por Atuanya *et al.* (2014), que revelaram o efeito do armazenamento nas qualidades físico-químicas e bacteriológicas do abastecimento de água portátil na cidade de Benin. Isto também está de acordo com Akinde *et al.* (2011) que relataram o efeito do armazenamento no estado físico-químico e na qualidade bacteriológica da água de saqueta produzida em Port Harcourt, Nigéria, durante um período de quatro meses. O politereftalato de etileno (PET) e o seu material plastificante (por exemplo, ftalato de *di-n-butilo*) durante o armazenamento prolongado podem libertar matéria orgânica que pode fornecer substratos adicionais para o crescimento microbiano. Durante o período de estudo, não foram detectadas contagens de bactérias coliformes totais e fecais em nenhuma das marcas de água engarrafada testadas. As bactérias coliformes totais e fecais demonstram a poluição fecal na água e nos alimentos e a contagem destas bactérias indicadoras deve ser de 0 cfu/100 ml (Ehlers *et al.*, 2004). Todas as trinta amostras de água engarrafada e três amostras de água de saqueta estudadas não estavam contaminadas com bactérias coliformes. Todas as marcas cumpriram com sucesso o padrão de água potável da OMS/SON de zero coliformes por 100ml de amostra de água, tornando-as adequadas para consumo humano. A ausência de bactérias indicadoras fecais em todas as marcas de água potável engarrafada e em saquetas pode ser atribuída a melhores práticas de higiene observadas na indústria. Estas incluem a utilização de tampas protectoras seladas nas garrafas, um sistema de enchimento melhorado e higiénico e a utilização de recipientes de plástico não retornáveis. Este resultado está de acordo com o de Ajayi *et al.* (2008). A presença de *Staphylococcus aureus* nas amostras de água pode ser atribuída à contaminação durante a embalagem ou manuseamento, uma vez que os organismos são flora normal da pele humana (Hunter, 1993). No entanto, a presença destes organismos na água potável é de importância para a saúde pública, uma vez que são geralmente responsáveis por intoxicações alimentares estafilocócicas (Hobbs e Robert, 1993; Frazier e Westhoff, 1995). Os resultados deste estudo também revelaram que as garrafas plásticas cheias com água de furo podem levar à contaminação bacteriana. Isto está de acordo com um estudo publicado no Canadian Journal of Public Health, em que investigadores da Universidade de Calgary recolheram 76 amostras de água de garrafas de água de alunos do ensino básico; algumas das garrafas foram reutilizadas durante meses a fio sem serem lavadas. Descobriram que quase dois terços das amostras apresentavam níveis bacterianos que excediam as directrizes para a água potável, o que pode ter sido o resultado do "efeito do recrescimento bacteriano em garrafas que permaneceram à temperatura ambiente durante um período prolongado". (Warburton,1992). O intervalo de pH recomendado para a água potável é de 6,5-8,5. O resultado da análise físico-química das amostras de água engarrafada observou um aumento do pH de 7,23 nos dias seguintes à produção para pH 6,05 na quarta semana de armazenamento. Akinde *et al.* (2002) e Agbaje *et al.* (2012) obtiveram resultados semelhantes para amostras de água de saqueta e de furo armazenadas. Um pH baixo favorece a corrosão da tubagem, enquanto um pH superior a 7 requer mais cloro e mais tempo de contacto para uma desinfeção adequada. Embora o pH não tenha um efeito direto sobre a saúde, a sua ação indireta sobre o processo fisiológico não pode ser demasiado enfatizada. À medida que o pH aumenta, a contagem de coliformes na água diminui. A temperatura média das amostras de água obtidas na indústria variou entre 30,16-33,32° C durante o armazenamento de quatro semanas. Apesar de não estar definida pela Norma Nigeriana de Qualidade da Água Potável e pela Organização Mundial de Saúde (OMS), os valores de temperatura estão acima da temperatura ambiente normal na altura da recolha das amostras. A temperatura está a ser influenciada pela radiação solar. A condutividade é uma medida numérica da capacidade de uma solução aquosa passar corrente eléctrica. A água pura tem uma condutividade de 1000p.s/cm e não se espera que conduza eletricidade. A condutividade é principalmente influenciada pelos sais dissolvidos, como o cloreto de sódio e o cloreto de potássio. Os baixos valores de condutividade das amostras obtidas no estudo implicam que os sais dissolvidos são mínimos. A condutividade eléctrica da amostra de água engarrafada mostrou uma pequena variação durante quatro semanas de armazenamento, que varia entre (16,30-19,10 p.s/cm) e todas as amostras estão dentro do limite da OMS para água potável. Sólidos totais dissolvidos é o termo utilizado para descrever o sal inorgânico e uma pequena quantidade de matéria orgânica presente na água, como cálcio, magnésio, sódio, potássio e, além disso, carbonato, cloreto, bicarbonato, sulfato e nitrato. Os valores de sólidos dissolvidos totais (TDS) da amostra foram zero para todas as diferentes marcas de água engarrafada durante o armazenamento, estes valores estavam dentro dos padrões da OMS A alcalinidade é a medida da capacidade da água para neutralizar um ácido forte. A alcalinidade total está geralmente associada à presença de carbonato, bicarbonato e hidróxido e mede a quantidade de materiais alcalinos na água. O nível médio de alcalinidade na água engarrafada foi de 3,50 ± 2,84 mg/L. A dureza é causada por catiões metálicos como o cálcio, mas o efeito dos catiões divalentes e polivalentes causa dureza que reage a certos aniões como o carbonato e o sulfato para formar um precipitado. Os catiões monovalentes, como o sódio, não afectam a dureza. O ferro ferroso e o magnésio são normalmente componentes tão pequenos da dureza que são geralmente ignorados, sendo a dureza total considerada como a soma da concentração de cálcio e magnésio (Abd El-Salam *et al.*, 2008). O resultado da dureza total em todas as diferentes marcas de amostras de água engarrafada foi de 0,25 ± 0,11 durante quatro semanas de armazenamento. Esta variação nas características físico-químicas da água engarrafada pode dever-se à degradação da garrafa de plástico devido a diferentes temperaturas, à resistência e à sensibilidade de cada água engarrafada de plástico a diferentes temperaturas (Muhammad *et al.* (2011). A Turbidez média das amostras de água engarrafada foi de 0,20 NTU (Tabelas 3, 4 e 5). Este valor está de acordo com a recomendação da OMS e a norma do NIS de menos de 5 NTU. Deve notar-se que uma turbidez elevada afecta a desinfeção pelo cloro, exigindo um tempo de contacto mais longo e um aumento da quantidade de cloro necessária para a desinfeção. A partir dos resultados obtidos, os valores de turvação da água do furo enchida nas garrafas de plástico Uniben, Eva e Aquafina foram de 5,80, 5,50 e 5,30 NTU, respetivamente. Estes valores de turvação estavam acima dos limites máximos aceitáveis de 5 NTU recomendados tanto pela SON como pela OMS. O elevado nível de turvação nas garrafas de plástico cheias de água de furo é motivo de preocupação, porque as partículas que formam a turvação podem abrigar e proteger organismos patogénicos e, assim, escapar à ação do desinfetante (EPA, 2001). Nenhuma das amostras de água engarrafada e de saqueta analisadas tinha TDS. Os principais constituintes do TDS são o cálcio, o magnésio, o sódio, o cloreto e os sulfatos. Os TDS afectam o sabor da água potável se forem apresentados em níveis superiores aos 1500mg/l recomendados pela OMS. A partir dos resultados obtidos, foram registados valores de TDS de 7,80, 9,50 e 15,5 mg/L para as garrafas de plástico Uniben, Eva e Aquafina enchidas com água do furo, respetivamente. No entanto, todas as amostras não excederam os limites de 1500 recomendados pela SON e pela OMS, respetivamente. O cloreto nas amostras deste estudo indicou que a concentração de cloreto das amostras está dentro dos limites desejáveis recomendados para a água potável. Um limite de 400 mg/l de cloreto foi recomendado como limite máximo admissível para a água potável pelas directrizes da OMS. Este limite foi estabelecido principalmente com base em considerações de gosto. No entanto, não foram registados efeitos adversos para a saúde humana decorrentes da ingestão de água contendo concentrações ainda mais elevadas de cloreto (Jim, 1995). A dureza total é definida como a soma das concentrações de cálcio e magnésio em mg/L. É uma medida da capacidade da água para precipitar o sabão. O sabão é precipitado principalmente por cálcio e magnésio presentes em catiões polivalentes e encontram-se frequentemente em formas complexas, muitas vezes com constituintes orgânicos (Jayalakshmi, *et al.*, 2011). A dureza total das amostras de água engarrafada e de saqueta variou entre 0,25 mg/L e 28,90-29,30 mg/L, respetivamente. A OMS não mencionou nenhum valor específico como limite para a dureza total da água. A alcalinidade da água deve-se principalmente à presença de bicarbonatos. É uma medida da capacidade da água para neutralizar o ácido e reflecte a sua resistência inerente às alterações do pH. As amostras de água de furo engarrafada, de saqueta e de garrafa de plástico tinham valores médios de alcalinidade total de 3,5 mg/L, 1,0 mg/L e 9,3 mg/L, respetivamente. Não existe nenhum valor específico disponível para a norma de qualidade da água da OMS para este parâmetro. Os minerais de sulfato estão amplamente distribuídos na natureza e o anião sulfato ($SO4^{2-}$) é um constituinte comum da água não poluída. Os sulfatos podem ser lixiviados da maioria das rochas sedimentares, com contribuições apreciáveis de depósitos de sulfatos como o gesso. O resultado desta investigação revelou que as concentrações de sulfato variavam entre 0,020-0,040 mg/L e 0,3060,327 mg/L, respetivamente, para as amostras de água engarrafada e de saqueta. Todas as amostras de água engarrafada tinham um teor de sulfato que cumpria os limites de 250mg/L recomendados pela SON e 100mg/L pela OMS. O ferro é o quarto elemento mais abundante, em peso, na crosta terrestre. O ferro nas águas subterrâneas está normalmente presente na forma ferrosa solúvel (Fe^{2+}). É facilmente oxidado para o estado férrico insolúvel (Fe^{3+}) quando exposto ao ar. A quantidade de Fe na água varia consoante a geologia da área e outros constituintes químicos da água. A água subterrânea contém normalmente Fe^{2+} devido à falta de oxigénio suficiente no aquífero. As amostras de água engarrafada e de saquetas tinham um teor de ferro que variava entre 0,01-0,01 mg/L e 0,004-0,007 mg/L, respetivamente. O teor de ferro das garrafas de plástico cheias com amostras de água do furo variava entre 1,001-1,051 mg/L. Os valores para as amostras de água engarrafada e de saquetas estão dentro dos limites aceitáveis de 0,30 cada, recomendados pela SON e pela OMS. No entanto, as garrafas de plástico cheias com amostras de água de furos excederam os padrões exigidos. O bisfenol A (BPA) é predominantemente um intermediário para a produção de plásticos e outros produtos. É utilizado principalmente em: aglutinação, plastificação e endurecimento de produtos plásticos, tintas/lacas, materiais de aglutinação e materiais de enchimento. A substância é utilizada na indústria química, na indústria do ferro/metal, na indústria da construção civil, na indústria do plástico e na indústria dos serviços (Environment Canada, 2008). Entre os 230 produtos químicos considerados desreguladores endócrinos (Fang *et al.*, 2001), o BPA tem atraído uma atenção considerável no que diz respeito à sua estrogenicidade e devido ao seu elevado potencial de exposição humana. Encontram-se também níveis elevados de BPA no ambiente, o que constitui uma das principais preocupações dos organismos reguladores em todo o mundo.

Como mostra a Tabela 9, as amostras de água armazenadas em diferentes recipientes de plástico cheios de água de furo continham níveis mais elevados de BPA (0,023-0,251 mg/L) em comparação com as amostras de água de saqueta (0,006-0,087mg/L). Os resultados indicam a presença de uma baixa quantidade de BPA em amostras de água de furo tanto em saquetas como em garrafas de plástico. A exposição humana ao BPA ocorre principalmente através da hidrólise de plásticos de policarbonato e resinas epóxi, resultando em baixas concentrações de BPA livre em alimentos e líquidos. Este facto torna o consumo alimentar o principal modo de exposição humana (Wilson *et al*, 2007). Embora a fonte de exposição humana ao BPA sejam os alimentos e os recipientes de armazenamento de líquidos, outras fontes de exposição humana ao BPA devem-se ao aumento da utilização, distribuição e abundância de plásticos e materiais plásticos no ambiente, bem como às vastas aplicações e à persistência dos materiais plásticos no ambiente. No entanto, o BPA entra no ambiente através da hidrólise do BPA dos plásticos ou da degradação natural dos plásticos de policarbonato (Wintgens *et al.*, 2003). O BPA pode entrar no ambiente através de uma possível degradação física e química durante as operações de eliminação e reciclagem no processo de reciclagem de plásticos.

Embora exista um nível significativamente mais elevado nas amostras obtidas a partir das garrafas de plástico cheias de água do furo quando comparadas com as amostras de água de saqueta, a concentração de BPA na água engarrafada (Eva) variou entre 0,000mg/L na semana 0 e 0,214mg/L na semana 4. Este resultado mostrou que houve uma libertação gradual de congéneres de BPA que aumenta com o armazenamento prolongado da água. Como se pode ver nos quadros 9 e 10, a concentração de BPA foi mais elevada na água engarrafada em plástico (0,214mg/L) do que na água de saqueta (0,087mg/L) ao fim de quatro semanas de armazenamento, tendo o cloreto de vinilo e o cloreto de metileno registado os picos mais elevados. Os Quadros 6 e 7 mostram que a água engarrafada em garrafas de plástico parece ter qualidades físico-químicas ligeiramente melhores do que a água de saqueta, na medida em que tem menor condutividade, turbidez, dureza e teor de cloreto do que a água de saqueta. No entanto, a concentração de BPA lixiviada na água de saqueta, na água de garrafa e na garrafa de plástico cheia de água do furo era muito inferior às directrizes recomendadas.

CONCLUSÃO

Os resultados deste estudo mostraram que os níveis da população bacteriana nas amostras de água potável engarrafada armazenada e de água de saqueta aumentaram para níveis máximos após quatro semanas de vida útil sem refrigeração. A água engarrafada em plástico parece ter qualidades físico-químicas ligeiramente melhores do que a água de saqueta no final do período de armazenamento de quatro semanas. A concentração de BPA foi mais elevada na água engarrafada de plástico do que na água de saqueta, tendo o cloreto de vinilo e o cloreto de metileno apresentado os picos mais elevados. Finalmente, este estudo mostrou que a biodisponibilidade dos componentes do BPA e a redução das qualidades biofísicas da água engarrafada parecem começar a manifestar-se a partir da quarta semana de armazenamento da água. Assim, a água potável engarrafada armazenada à temperatura ambiente durante períodos prolongados pode resultar numa população bacteriana heterotrófica elevada que pode causar problemas de saúde aos indivíduos, especialmente entre a população sensível. Os parâmetros físicos, como o pH, podem ser problemáticos se a água for demasiado mole, resultando numa água que pode não ser aceitável para os consumidores em termos de sabor e deposição de incrustações. A temperatura de armazenamento durante longos períodos desempenha um papel importante, uma vez que pode ter impacto na aceitabilidade de outros constituintes inorgânicos e aumentar o crescimento de microrganismos, resultando em sabores e odores ofensivos. Os produtos químicos plásticos, como o BPA, podem variar ao longo do tempo. No entanto, não se registaram variações significativas que possam ser motivo de grande preocupação para as pessoas que bebem a água engarrafada. O prazo de validade da água engarrafada não é preocupante quando se considera a qualidade química, uma vez que é bastante estável. A preocupação está na qualidade química original no momento do engarrafamento.

RECOMENDAÇÕES:

1. A prática de encher continuamente a água do furo em recipientes de plástico deve ser interrompida ou desencorajada.

2. Devem ser elaboradas e aplicadas regras mais rigorosas para controlar regularmente as indústrias produtoras de água engarrafada.

3. Os rótulos da água engarrafada devem incluir não só a marca, mas também as concentrações relativas dos parâmetros de qualidade da água.

4. A água dos furos enchida em garrafas de plástico deve ser devidamente tratada antes de ser bebida.

5. Todas as empresas de água engarrafada devem cumprir as normas básicas de qualidade da água estabelecidas pelo Governo da Nigéria e, em seguida, registar-se nas normas da NAFDAC

6. É necessário sensibilizar o público para o aparecimento de substâncias químicas desreguladoras do sistema endócrino, para a ciência, para a beleza e para o monstro.

REFERÊNCIAS

Abd El-Salam, M. A. A., El-Ghitany, E. M. A. e Kassem, M. M. M. (2008). Qualidade das marcas de água engarrafada no Egipto. *Jornal* da Associação de *Saúde Pública* 83/370-390

Adekunle, L. V., Sridhar, M. K. C., Ajayi, A. A., Oluwale, P. A., e Olawuyi, J. F. (2004). An Assessment of Health and Socio- Economic Implications of Sachet in Ibadan, Nigeria (Avaliação das Implicações Sanitárias e Socioeconómicas da Saqueta em Ibadan, Nigéria): Um desafio para a saúde pública. *Jornal Africano de Investigação Biomédica* 7(**1**): 58.

Ademoroti, C. M. A. (1996). *Standard method for water and effluents analysis (Método padrão para análise de água e efluentes).* Foludex press Ltd, Ibadan pp. 22-112.

Agbaje, L., Lateef, K. e Semawon, O.A. (2012). Qualidade da avaliação de algumas amostras de águas subterrâneas na metrópole de Ogbomoso, sul da Nigéria. *Jornal do Ambiente e Ciências da Terra* 2(6):39-48

Ajayi, A. A., Sridhar, M. K. C., Adekunle, L. V. e Oluwande, P. A. (2008). Qualidade das águas embaladas vendidas em Ibadan, Nigéria. *Jornal Africano de Investigação Biomédica* 11(3): 251-258

Akinde,S.B., Michael, I. N. e Adindu S. O. (2011). Efeitos do armazenamento na qualidade da água de saqueta produzida na metrópole de Port Harcourt, Nigéria. *Jornal Jordan de Ciências Biológicas* 4:157-164

Aliyu, A. A. (2000). How Pure is Pure Water. Uma análise microbiana/química. Tese MPN. setembro. 78 pp.

Amiridou, D. e Voutsa, D. (2011). Alquilfenóis e ftalatos em águas engarrafadas. *Journal de Materiais Perigosos* **185**: 281-286.

Anasoeo, C, ,Delpratos, C. e Pleweg, M. F. (2005). Ligação entre plástico e cancro da mama. American Journal of Obstetrics and *Gynecology* **113**:969-977

Anon, (1980). Relativo à exploração e à comercialização das águas minerais naturais. *Jornal Oficial das Comunidades Europeias* **229**:1-10.

Anónimo, (1985). Standard methods for the examination of water and wastewater , 16th ed., American Public Health Association.

APHA. (1998). *Standard methods for the examination of water and wastewater.* 18ª edn. Associação Americana de Saúde Pública, Washington, DC pp 45-60.

Ashaye, O. A, Casal, A. A., Afolabi, O. O. e Fasoyiro, S. B. (2001). Propriedades Físico-Químicas de Amostras de Água Pura no Sudoeste da *Nigéria. Jornal de Tecnologia Alimentar de África* 6(**4**): 119-120.

Atuanya, E.I., Seidu, R.I. e Orjiakor P. (2014). Efeitos do armazenamento/formação de biofilme nas qualidades físico-químicas e bacteriológicas do abastecimento de água portátil na cidade de Benin. *Jornal da Sociedade Nigeriana de Biologia Experimental* **14** (2): 1595-6938

Biles, J. E., McNeal, T. P., Begley, T. H., Hollifield H. C. (1997). Determinação de Bisfenol-A em Plásticos Reutilizáveis de Policarbonato em Contacto com os Alimentos e Migração para Líquidos de Simulação de Alimentos. *Journal of Agricuhure and Food Chemistry* **45**: 3541-3544

Binnie C, Kimber M Smethurst G (2002). Basic Water Treatment. Royal Society of Chemistry, Cambridge, Reino Unido.

Biron, C.R. (1998). *Pesquisa de Higiene Dental* **18**: 58-62

Blake, P.A. (1977). Segurança alimentar básica para profissionais de saúde. *Jornal Americano de Epidemiologia*

105:337-348.

Bonner, C., Foley, B., Wall, P. e Fitzgerald, M. (2001). Analysis of Outbreaks of Infectious Intestinal Diseases in Ireland: 1998 and 1999. *Irish Medical Journal* **94(5)**:140-144.

Brandi, G. (1999). *Carta de Microbiologia Aplicada* **29**: 211-215.

Bucher, J. R. (2009). Bisfenol A: para onde ir agora? *Environmental Health Perspectives* **117**(3):96-97.

Buchholz, RA. (1998). Princípios de gestão ambiental. The Greening of Business, 2. Prentice-Hall, Londres, Reino Unido, 448 p.

Cao, X., Corriveau, J. (2008). Migração de Bisfenol A de Garrafas de Policarbonato para Bebés e Água para a Água em Condições Severas. *Jornal de Agricultura e Química Alimentar* **56**: 6378-6381

Castoldi, A. F. (2012). Bisfenol A: ponto da situação na Autoridade Europeia para a Segurança dos Alimentos. *Ciência e Tecnologia Alimentar Sul-Africana* **2012**(2):46-47.

Chang, H.S., Choo, K.H., Lee, B. e Choi, S.J. (2009). Os métodos de identificação, análise e remoção de compostos desreguladores endócrinos (EDCs) na água. *Journal of Hazardous Materials* 172(1):1-12.

Chukwu, G. U. (2008). Avaliação da Qualidade da Água de Furos na Área de Governo Local Sul de Umuahia do Estado de Imo, Nigéria. C.C.G. Ndinwa, O.C. Chukumah, E.A. Edafe, K.I. Obarakpor, W. Morka, P.N. Osubor-Ndinwa. . *Journal of Environmental Management and Safety* 3(2): 145 - 160.

Costerton, J. W. (1985). *Developments in Industrial Microbiology* **26**: 249-261.

Dai, G., Liu, X., Lian, G., Han, X., Shi, L., Cheng, D. e Gong, W. (2011). *Journal of*

Environmental Science **23** (10): 1640-1649.

Dean, J.R. e Xion, G. (2000). Extração de poluentes orgânicos de matrizes ambientais: seleção da técnica de extração. *Tendências em Química Analítica* **19** (9): 553-564

Deborah, C (1996). *Avaliações da Qualidade da Água*. A Guide to Use of Biota, Sediments and Water in Environmental Monitory (Guia para a Utilização de Biota, Sedimentos e Água na Monitorização Ambiental) (2ª ed.). UNESCO/OMS/PNUMA. pp: 1-117.

EFSA. (2006). Parecer do Painel Científico dos aditivos alimentares, aromatizantes, auxiliares tecnológicos e materiais em contacto com os alimentos sobre um pedido da Comissão relacionado com o 2,2bis(4-hidroxifenil) propano (Bisfenol A). *Jornal da Autoridade Europeia para a Segurança dos Alimentos* **428**:71-75

Egwari, L e Aboaba, O. (2002). Impacto Ambiental na Qualidade Bacteriológica do Abastecimento Doméstico de Água em Lagos, Nigéria. *Rev. Saude Publica.* 36(**4**):513-520.

Ehlers, M.M., Van Zyl, W.B., Pavlov, D.N. e Muller, E. E. (2004). Inquérito aleatório sobre a qualidade microbiana da água engarrafada. *Water South Africa* **30**(2): 203 - 210.

Emler, M. ,Cranto,Remillard, J. e Buncenj, Y. (2002). Ligação das dioxinas à diabetes: epidemiologia e possibilidade biológica. Environmental *Research Letters* **110**:703-707

Ambiente Canadá (2008). Projeto de avaliação de despistagem para The Challenge: Fenol, 4,4'-(1 metiletilideno) bis-(BPA). Número de registo no Chemical Abstracts Service 80-05-7

Centro de Investigação Ambiental da Califórnia (2004). O plástico e os perigos para a saúde: BPA has been linked to breast and uterine cancer. *British Journal of Pharmacology* **141**:209-214.

Ezeugwunne,I.P.,Agbakoba,N.R.,Nnamah,N.K.andAnahalu ,I.C.(2009). Prevalenceof bactérias em saquetas de água embaladas vendidas em Nnewi, no Sudeste da Nigéria.

World Journal of Dairy and Food Sciences **4**(1):19-21.

Fang, H., Tong, W., Shi, L. M., Blair, R. Perkins, R., Branham, W., Hass, B.S., Xie, Q., Dial, S. L., Moland, C. L. e Sheehan, D. M.(2001). Relações Estrutura-Atividade para um grande conjunto diversificado de estrogénios naturais, sintéticos e ambientais. *Chemical Research in Toxicology* **14**: 280-294.

Feyzi Dehkhargani, S., Malekinejad, H., Shahrooz, R. e Ali Sarkhanloo, R. (2011). Efeito prejudicial da Atrazina no tecido testicular e na qualidade do esperma: Implicação para o stress oxidativo e alterações hormonais. *Jornal Iraniano de Toxicologia* **5**(12):426-435.

Frazier, W. C. e Westhoff, D.C. (1995). *Food Microbiology*. 4th Edn., Tata McGraw Hill Public. Co. Ltd., New Delhi.

Fred .A. e Rosenberg, F. (2002). Universidade Luterana da Califórnia, Thousand Oaks, Califórnia. (795-801) **In**: Enciclopédia de Microbiologia Ambiental, volume 1 6 por Gabriel Bitton (2002), publicado por John Willey and Sons Inc. Nova Iorque. 1803 pp.

Furhacker, M., Scharf, S. e Weber, H. (2000). Bisfenol A: emissões de fontes pontuais. *Chemosphere* **41**(5):751-756

Gardner, V. T. (2004). Bottled Water; Frequently Asked Questions (Água engarrafada; perguntas frequentes). *International Bottled Water Association New* **12**(5):3-9.

Grover, D., Zhang, Z., Readman, J. e Zhou, J. (2007). Uma comparação de três técnicas analíticas para a medição de estrogénios esteroidais em amostras de água ambiental. *Talanta* **78**(3):1204-1210.

Grumetto, L., Montesano, D., Seccia, S., Albrizio, S., Barbato, F. (2008). Determinação de resíduos de Bisfenol A e Bisfenol B em conservas de tomate pelado por cromatografia líquida de fase reversa. *Jornal de Agricultura e Química Alimentar* **56**: 10633-10637

Hamilton, N. e Rosenberg, F. A. (1991). Actas da conferência sobre tecnologia da qualidade da água, parte ii, AWWA. pp. 1473-1490

Heukelekian, H. e Heller, A. (1940). Relação entre a concentração de alimentos e a superfície para o crescimento bacteriano. *Journal of Bacteriology* **40**: 547-558.

Hobbs, B.C. e Robert, D. (1993). Food Poisoning and Food Hygiene. 6th Edn., Arnold, Hodder Headline Group, Londres. pp: 103-110

Hunter, P. R. (1993). The microbiology of bottled natural water (A microbiologia da água natural engarrafada). *Journal of Applied Bacteriology* **74**: 345-352.

Hunter, P. R. e Burge, S. H. (1987). Bacteriologia da qualidade de bebidas de máquinas. *Epidemiologia e Infeção* **99**: 439-443.

Jafari A, Abasabad R, Salehzadeh A. (2006). Endocrine disrupting contaminants in water resources and sewage in Hamadan City of Iran. *Iranian Journal of Environmental Health Science and Engineering* **6**(2):89-96.

Jim, S. (1995). Pode beber-se? In: Randy, J. (2005). (ED). Recursos de Água Potável. http://www.cybernook. com/water/index.html

Jin, X., Jiang, G., Huang, G., Liu, J. e Zhou, Q. (2004). Determinação de 4-tert-octilfenol, 4-nonilfenol e bisfenol A em águas superficiais do rio Haihe em Tianjin por cromatografia gasosa-espetrometria de massa com monitorização de iões seleccionados. *Chemosphere* **56**(11):1113-1119.

Kitamura, S., Suzuki, T., Sanoh, S.; Kohta, R., Jinno, N.; Sugihara, K., Yoshihara, S., Fujimoto, N., Watanabe, H. e Ohta, S. (2005). Estudo comparativo da atividade de desregulação endócrina do Bisfenol A e de 19 compostos relacionados. *Toxicology Sciences* **84**: 249-259.

Krishnan, A., Stathis, P., Permuth, S., Tokes, L. e Feldman, D. (1993). Uma substância estrogénica é libertada de frascos de policarbonato durante a autoclavagem. *Endocrinology* **132** (6): 2279-2286.

Kuster, M., Lopez de Alda, M. J., Hernando, M. D., Petrovic, M., Martin-Alonso, J. e Barcelo, D. (2008). Análise e ocorrência de produtos farmacêuticos, estrogénios, progestagénios e pesticidas polares em efluentes de estações de tratamento de águas residuais, águas fluviais e água potável na bacia do rio Llobregat (Barcelona, Espanha). *Journal of Hydrology* **358**(1):112-123.

Leclerc, H. (1976). Critérios para a avaliação das características higiénicas e microbiológicas das águas minerais. *Annali dell'Istituto Superiore di* Sanita **12**: 210-217.

Li, W.; Seifert, M.; Xu, Y.; Hock, B. (2004). Estudo comparativo das potências estrogénicas do estradiol, tamoxifeno, bisfenol-A e resveratrol com dois bioensaios in vitro. *Environmental International* **30**: 329-335.

Macerata, U. M. (1988). Espécies bacterianas detectadas em algumas águas minerais engarrafadas vendidas em Itália *International Journal of Clinical Pharmacology* **8**(1): 31-37

Mackenzie, A.M. R. e Rivera-calderon, R. L. (1985). Método de sobreposição de ágar para medir a aderência de *Staphylococcus epidermidis* a quatro superfícies de plástico. *Applied and Environmental Microbiology* **50**: 1322-1324 .

Marla cone, Hollings worth. The Estrogenic effects of Bisophenol A. [Online]. 2005.{cited 2005 Aug 31]; Disponível em: URL:http://www.bisophenol-a.org/

Massa, S., Altieri, C. e Angela, A.D. (2001). A ocorrência de *Aeromonas* spp. em água natural e água de poço. *International Journal of Food Microbiology* **63**. 169173.

Massa, S., Petruccioli, M., Fanelli, M. e Gori, L. (1995). Bactérias resistentes a medicamentos em águas minerais não gaseificadas. *Microbiology Research* **150**: 403-408.

McKeon, D.M., Calabrese, J. P. e Bissonnette, G. J. (1995). Antibiotic resistant gramnegative bacteria in rural groundwater supplies. *Water Resource* **29**: 1902-1908

Melnick R, Lucier G, Wolfe M, Hall R, Stancel G, Prins G. (2002). Resumo do relatório do Programa Nacional de Toxicologia sobre a revisão por pares de baixas doses de desreguladores endócrinos. *Environmental Health Perspectives* **110**(4):427-428.

Muhammad , S. G., Esmail, L. S. e Hasan, S. H.(2011). Efeito da temperatura de armazenamento e da exposição à luz solar nas propriedades físico-químicas da água engarrafada na região do Curdistão-Iraque. *Jornal da Qualidade da Água* **1**:33-37

Mustapha, S. e Adam, E. A. (1991). Discussão sobre o problema da água na Nigéria. Foco no Instituto Nacional de Investigação da Água do Estado de Bauchi

Nam, S. H., Seo, Y. M. e Kim, M. G. (2010). Migração de bisfenol A de biberões de policarbonato com utilização repetida. *Chemosphere* **79**(9):949-952.

Inquérito Nacional de Saúde (2004). O plástico e os seus possíveis malefícios. *Revista de Enfermagem e Ciências da Saúde* **91**(33):318-391

Ndinwa, C.C.G., Chukumah, O.C., Edafe, E.A., Obarakpor, K.I., Morka, W. e Osubor-Ndinwa, P.N. (2012). Características físico-químicas e bacteriológicas da água engarrafada e da água embalada da marca Sachet em Warri e Abraka, no sul da Nigéria. *Jornal de Gestão e Segurança Ambiental* **3**: 145 - 160

Okeniyia, S. O., Egwaikhideb, P.A., Akporhonorc, E. E. e Obazed, .I. E. (2009). *Electronic Journal of Environmental, Agricuhural and Food Chemistry* **11**: 12691274.

Okoli, G., Chidi, I.V., Njoku, N., Chukwucha, A. C., Njoku, P. C. e Njoku, J. D. (2005). Características de Qualidade da Água Subterrânea Utilizada por Estudantes Residentes de uma Universidade da Nigéria. *Jornal de Ciências Aplicadas.* **5**(6):1088-1081

Okonko, I. O., Ogunjobi, A. A., Adejoye,A. D., Ogunnusi, T. A. e Olasogba, M.C. (2008). Estudos comparativos e avaliação do risco microbiano de diferentes amostras de água utilizadas para o processamento de alimentos marinhos congelados em Ijora-olopa, Estado de Lagos, Nigéria. *Jornal Africano de Biotecnologia* **7** (16):2902-2907.

Oladipo I.C., Onyenike I.C., Adebiyi A. O (2009).Microbiological mAnalysis of Some Vended Sachet Water in Ogbomosho, Nigeria. *Jornal Africano de Ciência Alimentar.* 3 (12).406-412

Olaoye O A. e Onilude A A. (2009). Avaliação da qualidade microbiológica da água potável embalada em saquetas na Nigéria Ocidental e sua importância para a saúde pública. *Journal of Environmental Science Health A Toxic Hazard Substance Environmental Engineering* **123(11):**729 - 734.

Omemu, A.M., Edema, M.O. e Bankole, M. O. (2005). Bacteriological Assessment of Street Vendored Ready-to- Eat (RTE) Vegetables and Packaged Salad in Lagos, Nigeria (Avaliação bacteriológica de legumes prontos a comer vendidos na rua e de saladas embaladas em Lagos, Nigéria). *Jornal Nigeriano de Microbiologia* **19**: 497-504.

Palanza, P., Howdeshell, K. L., Parmigiani, S. e Vom Saal, F. S. (2002). A exposição a uma dose baixa de bisfenol A durante a vida fetal ou na idade adulta altera o comportamento materno em ratos. *Environment, Health Perspective* **110**: 415-422.

Park, K. e Kwak, I.S. (2010). Efeitos moleculares de substâncias químicas desreguladoras do sistema endócrino no gene do recetor relacionado com o estrogénio de Chironomus riparius. *Chemosphere* **79**(9):934-941.

Pat, K. (1992). *Qualidade e saúde da água potável.* Universidade Estadual do Colorado, Lahore. 35 pp.

Penland, P. L. e Wilhelmus, K. R. (1999). Análise microbiológica da água engarrafada. *Opthamology* **106**: 1500-1503.

Rajapakse, N.; Silva, E.; Kortenkamp, A. (2002). A combinação de xenoestrogénios a níveis inferiores às concentrações individuais sem efeitos observados aumenta dramaticamente a ação das hormonas esteróides. *Perspetiva da Saúde Ambiental* **110**: 917-921.

Rastkari N, Yunesian M, Ahmadkhaniha R. (2011). Níveis de bisfenol a e bisfenol f em alimentos enlatados nos mercados iranianos. *Iranian Journal of Environmental Health Science and Engineering* **8**(1):95-100.

Reasoner, D. J. e Geldreich. E.E. (1985). *Applied* and *Environmental Microbiology* **55**: 912-921.

Rosenberg, F. A. e Hernandez Duquino, H. (1988). Effect of storage on the microbiological of bottled water (Efeito do armazenamento na microbiologia da água engarrafada). *Avaliação da Toxicidade* **4**: 281-294

Rosenberg, F. A. (1990). A flora bacteriana das águas minerais naturais e os potenciais problemas associados à sua ingestão. *Rivista Italiana di Medicina Legale* **50**: 301-310.

Rosenberg, F. A., Zakaria, H. e Rose, M. (1989). Resumo, 89th Reunião anual. Sociedade Americana de Microbiologia .

Rubin, B. S. (2011). Bisfenol A: um desregulador endócrino com exposição generalizada e efeitos múltiplos. *The Journal of Steroid Biochemistry and Molecular Biology* **127**(1):27-34.

Ryan, B. C., Hotchkiss, A. K., Crofton, K. M., Gray, L. E., Jr. (2010). In Utero and Lactational Ex-posure to Bisphenol A, in contrast to Ethinyl Estradiol, Does not Alter Sexually Dimorphic Behavior, Puberty, Fertility and Anatomy of Female LE Rats. *Toxicology and Science* **114**(1), 133-148.

Schdewalt, H. (1980). Zbl.Bakt.Hyg., I.Abt. Orig. B **172**:275-293

Schmidt-Lorenz, W. (1976). Após o engarrafamento da água de nascente, ocorre nos recipientes uma multiplicação bacteriana mais ou menos rápida. *Anais do Instituto Superior de*

Saúde **12**: 93-112

Scott, T. M., Rose, J. B., Jenkins, T. M., Farrah, S. R. e Lukasik, J. (2002). Microbial source tracking: Current methodology and future directions. *Applied Environmental Microbiology* **68**: 5796- 5803.

Simpson, J. M., Santo Domingo, J. W.e Reasoner, D. J. (2002). Microbial source tracking: state of the science. *Ciência, Tecnologia e Ambiente* **36**: 527- 538

Solomon, G. M. e Schettler, T. (2000). Ambiente e saúde: 6. Desregulação endócrina e potenciais implicações para a saúde humana. *Canadian Medical Association Journal* **163**(11):1471-1476.

Srivastav, D. e Kennedy, Y. (2001). Chemical exposure and Health effects. 276:31883- 31890

Staples, CA, Dome, P. B., Klecka, G. M., Oblock, S. T. e Harris, L. R. (1998). A review of the environmental fate, effects, and exposures of bisphenol A. *Chemosphere* **36**(10):2149- 2173.

Stump, D. G., Beck, M. J., Radovsky, A., Garman, R. H., Freshwater, L. L., Sheets, L. P., Marty, M. S., Waechter, J. M., Jr., Dimond, S. S., Van Miller, J. P., Shiotsuka, R. N., Beyer, D., Chappelle, A. H., Hentges, S. G. (2010). Estudo de Neurotoxicidade do Desenvolvimento do Bisfenol A na Dieta em Ratos Sprague-Dawley. *Toxicology Science* **115**(1), 167-182.

Sulej, A. M., Polkowska, Z. e Namiesnik, J. (2011). Contaminação das águas de escoamento no aeroporto de Gdansk (Polónia) por hidrocarbonetos aromáticos policíclicos (PAH) e bifenilos policlorados (PCB). *Sensores* 11: 11901-11920.

Suzuki, A., Sugihara, A., Uchida, K., Sato, T., Ohta, Y.; Katsu, Y., Watanabe, H., Iguchi, T. (2002). Efeitos no desenvolvimento da exposição perinatal ao bisfenol-A e ao dietilestilbestrol nos órgãos reprodutores de ratinhos fêmeas. *Reproduction and*

Toxicology **16**: 107-116.

Tortora, G.J., Funke, B.R. e Case, C. L. (2003). *Microbiology: an Introduction*, 8th ed., Upper Saddle River, New Jersey. Upper Saddle River, New Jersey. 340 pp.

Taura DW, Mukhtar MD e Kano AN (2005). Assessment of Microbial Safety of Some Brands of Yoghurts Sold Around Old Campus of Bayero University, Kano (Avaliação da segurança microbiana de algumas marcas de iogurtes vendidas nas imediações do antigo campus da Universidade Bayero, Kano). *Nigeria Journal of Microbiology,* **19**: 521-528.

Tortora, G.J., Funke, B.R. e Case, C. L. (2003). *Microbiology:* an introduction, 8th ed.Upper Saddle River, New Jersey.

Umeh, C. N., Okorie, O. I. e Emesiani, G.A. (2005). Towards the provision of safe drinking water: A qualidade bacteriológica e a segurança da água de saqueta em Awka, Estado de Anambra. In: o Livro de Resumos da 29ª Conferência Anual e Reunião Geral sobre Micróbios como agentes de Desenvolvimento Sustentável, organizada pela Sociedade Nigeriana de Microbiologia (NSM), Universidade de Agricultura, Abeokuta. 22 pp.

Urmenata, J. Navarette, A. e Sancho, J. (2000). *Microbiologia Atual* **4**:379-383

Vandenberg, L., Chahoud, I., Heinde, J. J., Padmanabhan, V., Paumgartten, F. J. e Schoenfelder, G. (2010). Urinary, circulating, and tissue biomonitoring studies indicate widespread exposure to bisphenol A. *Environmental Health perspectives* **118**(8):1055-1070.

Vethaak, A. D., Lahr, J., Schrap, S. M., Belfroid, A. C., Rijs, G. B. e Gerritsen, A. (2005). Uma avaliação integrada da contaminação estrogénica e dos efeitos biológicos no ambiente aquático dos Países Baixos. *Chemosphere* **59**(4):511-524.

Vom Saal, F. S.; Welshons, W. V. (2006). Grandes efeitos de pequenas exposições. II. The importance of positive controls in low-dose research on bisphenol A. *Environmental Research* **100**: 50-76.

Warburton, D. W. (1992). Uma revisão da qualidade microbiológica da água engarrafada vendida no Canadá. *Jornal Canadiano de Microbiologia* **38**: 12-19

Wilson, N. K., Chuang, J. C., Morgan, M. K. , Lordo, R. A. e Sheldon, L. S. (2007). An observational study of the potential exposures of preschool children to pentachlorophenol, bisphenol-A, and onylphenol at home and daycare. *Environmental Research* **103** (1):9-20.

Wintgens, T., Gallenkemper, M. e Melin, T. (2003). Ocorrência e remoção de desreguladores endócrinos em estações de tratamento de lixiviados de aterros sanitários. *Ciência e Tecnologia da Água* **48**:127-134

Wolff, M. S. (2006). Endocrine disruptors: challenges for environmental research in the 21st century (Desreguladores endócrinos: desafios para a investigação ambiental no século XXI). *Annal New York Academic Sciences* **1076**: 228-238.

Zalko, D., Soto, A. M., Dolo, L., Dorio, C., Rathahao, E. e Debrauwer, L. (2003). Biotransformations of bisphenol A in a mammalian model: answers and new questions raised by low-dose metabolic fate studies in pregnant CD1 mice. *Environmental health perspectives* **111**(3):309-310.

I want morebooks!

Buy your books fast and straightforward online - at one of world's fastest growing online book stores! Environmentally sound due to Print-on-Demand technologies.

Buy your books online at
www.morebooks.shop

Compre os seus livros mais rápido e diretamente na internet, em uma das livrarias on-line com o maior crescimento no mundo! Produção que protege o meio ambiente através das tecnologias de impressão sob demanda.

Compre os seus livros on-line em
www.morebooks.shop

info@omniscriptum.com
www.omniscriptum.com